ネイティブが教える

日本人研究者のための
論文英語表現術

文法・語法・言い回し

エイドリアン・ウォールワーク
［著］

前平 謙二／笠川 梢
［訳］

講談社

First published in English under the title
English for Academic Research: Grammar, Usage and Style
by Adrian Wallwork, edition: 1

日本の科学者の皆さんへ

私のライフワークである*English for Academic Research*シリーズの日本語版の出版も、ここに無事に4冊目を迎えることができました。これまでにたくさんの読者の方々の支持があって本日に至ることができたことに、著者としてこの上もない大きな喜びを感じています。

英語の上達のためには、英文法を克服しなければなりません。しかも、深いレベルで理解することが何よりも肝要です。そこで今回、本書では英文法に特化しました。といっても、科学英語を書くために必要な英文法は、ビジネス英語などの他の分野と比べると、学習すべき事項はそれほど多くありません。

科学英語には、他の分野の英語とは異なり、独自のルールや慣習があります。その一例が時制です。特に論文においては、セクションによって独特の時制の使い方が必要です。しかも、セクションのオープニングかエンディングかによっても異なることがあります。また、科学者の名前の表記方法や、所有格の使い方、頭字語の使い方なども、通常の英文ライティングとは異なることがあります。それだけではありません。科学者の間でも、文法をどのように使って英文を整えていけばよいか意見が一致しないこともあれば、米語と英語で綴りが違うこともあります。

言語体系の異なる日本語と英語の間には、冠詞、時制、関係代名詞、コンディショナル、語順など、越えなければならないさまざまな文法上のハードルが存在することでしょう。しかし、これらはすべて心配するに値しません。もし皆さんが、英語が難しいのは英語と日本語の言語体系が大きく違うせいではないかと感じておられるのであれば、私はこう申し上げます。私の住むイタリアでは日本語よりも英語に近い言語構造を持つイタリア語が使われていますが、イタリア人も同様に、これらの問題に頭を抱えているのです、と。

幸いなことに、論文、プレゼンテーション、プロジェクト提案書、メールは、主にその内容で判断されます。確かに英語も非常に重要ですが（だからこそ本書はあなたにとって重要です）、研究の内容はもっと重要です。実際、日本の科学の力は素晴らしく、世界の他のどの国よりもはるかに大きな科学的貢献を果たしてきました。本書が皆さんの英文法力を強化し、いっそうの学識探求の一助となることを心から願っています。

2024年1月

エイドリアン・ウォールワーク

はじめに

本書で学ぶこと

本書は、英語を母語としない研究者や、アカデミック英語の文法、用法、スタイルについて学びたい研究者で、研究論文を執筆するすべての方々のために書かれています。中級から上級の英語力を持つ人向けです。研究論文の編集や校正に携わる方々にも役立つことでしょう。

本書の構成

本書は28の章で構成され、それぞれの章で英語のさまざまな用法を解説しています。1つの章で1つのテーマ（例えば時制）について考察し、深く掘り下げています。解説が複数の章にわたっている文法事項もあります。例えば、副詞の使い方は3つの章で解説しました。第13章では副詞の接続詞的使い方について、第14章では時間と場所を表すさまざまな副詞の使い分けについて、第17章では文中での副詞の位置について考察しています。

各章はいくつかの節に分かれ、重要度の順に番号をつけた基本ルールをそれぞれの節で紹介しています。基本ルールの下の表には、そのルールを反映している例文と反映できていない例文を紹介しています。“良い例”は模範的な例文、“悪い例”はそうでない例文です。“悪い例”は実際の論文や原稿で見受けられる典型的なミスです。“良い例”の多くは英語のネイティブスピーカーが書いた英文から拾いました。表は基本的には“良い例”と“悪い例”の対比ですが、それ以外にも、単語や時制の使い方を関連する別の単語や時制の使い方と対比させた表もあります。巻末には、復習したい文法やスタイルを検索できるように索引を設けています。

“本書で学習することで論文が受理される可能性が高まるでしょうか？”

その可能性は非常に高いでしょう。本書は、英文研究論文の校正に25年以上携わった私の経験に基づいて編集しています。数百通の査読報告を読み、どのような英語がミスとして指摘されているのかを研究し、約2,000例もの典型的なミスを分析して、それを避けるための基本ルールを示しました。

“本書は英文法のすべてを網羅しているでしょうか？”

いいえ。研究論文に散見される問題だけを取り上げました。例えば時制については、一般的な口語英語に見られる時制ではなく、論文で特徴的に使われる時制に焦点を当てています。例外的に、いくつか一般英語から引用している例もあります（第8章の時制や第9章の仮定法の節など）。科学英語よりも一般的な英語の例のほうが明確に理解できる場合があるからです。

また、研究論文と一般英語との共通項、しかも用法が非常に似ているものについては取り上げていません。このようなテーマについては、*Practical English Usage*（Michael Swan著、Oxford University Press）などの文法書を参照されることをお勧めします。

研究論文に散見されるテーマに集中的に取り組むことで、詳細な説明を加えることができました。例えば、冠詞（a、the、無冠詞）や所有格の使い方について他の文法書よりも多くの紙面を割いています。また、結果を提示するときの現在形と過去形の微妙な差についても解説することができました（そう願います）。このような試みをしている文法書は他にどこにもないと自負しています。

もし、本書で解説した基本ルールを読んで判然としないことがあれば、Google Scholarでその言葉または文法構造を検索してみてください。検索エンジンが無数の学術論文を隅々まで検索してくれます。これは、冠詞（a, an, the）や前置詞（in, into, insideなど）、コロケーション（慣用的表現の語句の配列）などを正しく使えているかを確認するには良い方法です。英語のネイティブスピーカーが書いた論文だけが表示されるように設定するのも良いでしょう。例えば、著者名にはSmithと入力します。Smithは最も一般的な英語の苗字であり、この苗字を持つ科学者はたくさんいます。Googleの検索エンジンを使うためのヒントは、姉妹書の*English for Interacting on Campus*の第12章でさらに詳しく解説しています。

"本書で解説されている文法事項はどの程度実際に適用できるでしょうか？"

本書を執筆中に、私はさまざまな分野の論文を分析する機会を得ました。そして発見したことは、どの分野でも、またその下位分野においても、独特の英語の使い方があり、しかもそれが分野間で異なっているということでした。

最も典型的な例はweおよびIの使い方です。ある研究分野ではまったく自由に使われ、またある研究分野ではその使用が禁じられていました。冠詞の使い方も、それほど顕著ではないにしろ、研究分野によってまちまちでした。theとa/anの使用が場合によっては義務づけられている研究分野もあれば、そうでない分野もありました。省略や測定値を表すときの句読点の使い方も、著者によって、またジャーナルによってさまざまでした。

所有格についても、厳密な規則性を定義することは不可能のようです。本書を執筆中にふと気づいたら、所有格の使い方について16ページも書いていました。これでは読者のためになるどころか惑わすばかりだと思い、その後は、すべてを分析するのではなく、本書全体にわたって、問題が生じている箇所だけに焦点を当てるようにしました。

学術英語はこのように一貫性に欠けています。これを知ることは、英語原稿の校正に携わる者にとっては特に重要です。編集者と校正者は、原稿を校正しながら、通常の英文法には従わない表現や言葉の使い方を発見することがあるでしょう。しかしそれは、誤用のように見えても研究分野によっては容認されているという事実に気づいていないだけかもしれません。

だから私は"ルール"と断定せずに"基本ルール"という言葉を使いました。これらは私自身が従っている基本ルールでもあります。その多くが、文法書やインターネットで発見したルールではなく、これまでに無数の原稿を読んだ経験から得た直感に基づいています。意外な問題もありました。同じ研究分野のネイティブスピーカーでも同じルールに従っているわけではないということです。

その意味では、本書は英語がアカデミアでどのように使われているかを記録した、まだ進行中のプロジェクトの草稿といえるでしょう。何かご意見があれば、adrian.wallwork@gmail.comまでご連絡くだされば幸いです。

本シリーズの他の書籍

本シリーズには本書以外にも次のような書籍があります。

*English for Academic Research: A Guide for Teachers*は、経験豊かなEAP（アカデミック英語）やESP（専門英語教育）の先生方、科学英語の先生方にお勧めします。*English for Academic Research*シリーズの英文ライティングとプレゼンテーションに関する本を活用するためのヒントも載せています。

*English for Writing Research Papers**には、査読者から出版推薦を得られる論文を書くためのすべてが網羅されています。

*English for Academic Correspondence***では、編集者や査読者とのコミュニケーションの取り方、ネットワーキングの方法、英語ネイティブの早口な英語を理解するコツ、Google Translateの使い方など、たくさんのヒントを提供しています。このような本は他に例がありません。

*English for Interacting on Campus*では、仲間の学生との社交術、教授とのコミュニケーション術、講義の参加の仕方、聞く力と発音を伸ばすコツ、外国生活を乗り切る方法などのヒントを紹介しました。

*English for Academic Research: Grammar/Vocabulary/Writing Exercises*シリーズの3冊では、練習問題を解きながら本書で紹介した基本ルールの理解を深める

＊邦訳：『ネイティブが教える　日本人研究者のための論文の書き方・アクセプト術』(講談社、2019)
＊＊邦訳：『ネイティブが教える　日本人研究者のための英文レター・メール術』(講談社、2021)

ことができます。また、*English for Writing Research Papers*のいくつかの章と連動する練習問題も載せています。

相互参照情報

本シリーズにおける本書の位置づけは〈https://www.springer.com/series/13913〉を参照してください。

推薦図書

言語面以外のスキル、例えば参考文献一覧の作り方、本文中での文献の引用の仕方、表や図の作り方、測定値の扱い方などについて学習を深めたい方には、以下の本をお勧めします。これらの情報の多くはWikipediaでも紹介されています。

A Manual for Writers of Research Papers, Theses, and Dissertations（Kate L. Turabian, the University of Chicago Press）

MLA Handbook for Writers of Research Papers（Modern Language Association）

Handbook of Writing for the Mathematical Sciences（Nicholas J. Higham, SIAM）

CONTENTS

第1章

名詞：複数形、可算名詞、不可算名詞

1.1 一般的な複数形

❶ 頭字語（アクロニム：各単語の頭文字をとって作った略語）も含めてほとんどの可算名詞（➔1.6節）が、語尾に-sまたは-esをつけて複数形を作る。

❷［名詞＋of＋名詞］の構造で一つの概念を表す成句は、最初の名詞だけを複数形にする。

❸ 形容詞は複数形にしない。

❹ 形容詞として機能する名詞を複数形にしない。

❺［数詞＋ハイフン＋名詞］の構造を持つ複合語の名詞を複数形にしない。（ハイフンの使い方➔25.6節）

❻［〜倍］を意味する接尾辞の-foldを複数形にしない。（ハイフンの使い方➔25.6節）

	○ 良い例	× 悪い例
❶	We tested the engines of three cars, two taxis, six trains, and four buses. (我々は自動車3台、タクシー2台、電車6両、バス4台のエンジンをテストした)	
❷	Several **points of view** have been put forward in the literature. (文献上でいくつかの見解が示されている)	Several **point of views** have been put forward in the literature. (同)
❸	We also analysed three **other** papers on this topic. (我々はこのテーマに関する他の3つの論文も分析した)	We also analyzed three **others** papers on this topic. (同)
❹	**Car** production is rising, but **car** sales are falling. (自動車の生産台数は増加しているが、販売台数は減少している) = The production of **cars** is rising but the sales of **cars** are falling.	**Cars** production is rising, but **cars** sales are falling. (同)

※訳注：(同)は伝えたい趣旨が「良い例」と同様であることを示す。使用されている文構造や単語は異なることがある。

5	I have a 24-**year**-old student helping me in the lab. (24歳の学生に研究室で手伝ってもらっている)	I have a 24-**years**-old student helping me in the lab. (同)
5	This work is part of a three-**phase** study into psychotic behavior amongst TEFL teachers. (本研究はTEFL教師の精神病的行動に関する三相研究の一部である)	This work is part of a three-**phases** study into psychotic behavior amongst TEFL teachers. (同)
5	This would require a multi-**megabyte** memory. (これには数メガバイトのメモリが必要だ)	This would require multi **megabytes** memory. (同)
6	The increase was **3-fold**. (3倍の増加を示した) = There was a **3-fold** increase.	The increase was **3 folds**. (同) There was a **3 folds** increase. (同)

1.2 不規則な複数形

1. 不規則な複数形をとる名詞もある。例えば、child→children、man→men、woman→women、half→halves、knife→knives、life→lives、foot→feet、tooth→teethなどがある。
2. fishとsheepには複数形がない。
3. 動物のmouseの複数形はmiceで、コンピュータを操作するmouseの複数形はmouses。
4. dataは単数形としても複数形としても使われる。科学分野では、複数形として使われるのが一般的だ。単数形はdatumだが、複数形のdataが単数形として用いられることが多い。
5. datumとdataはラテン語由来の単数形と複数形の綴りを反映している。科学英語でよく使われるラテン語やギリシャ語由来の単語は他にも、apex→apices（最上部）、axis→axes、analysis→analyses、criterion→criteria、lemma→lemmata（見出し語）、optimum→optima、phenomenon→phenomena、vertex→vertices（頂点）などがある。

	○ 良い例	× 悪い例
❶	The patients consisted of three **children**, four adult **men**, and six adult **women**, all with persistent problems with their **teeth**. (患者は子どもが3人、成人男性が4人、成人女性が6人で、いずれも歯に持続的な問題を抱えていた)	The patients consisted of three **childs**, four adult **mans**, and six adult **womans**, all with persistent problems with their **tooths**. (同)
❷	This paper compares the relative brain powers of **fish** and **sheep**. (この論文は魚と羊の相対的な脳力を比較している)	This paper compares the relative brain powers of **fishes** and **sheeps**. (同)
❸	All subjects were provided with PCs, monitors, headphones and **mouses**. (すべての被験者にPC、モニター、ヘッドフォン、マウスを提供した)	All subjects were provided with PCs, monitors, headphones and **mice**. (同)
❹	**This data is** / **These data are** inconsistent. (これらのデータは矛盾している)	
❺	This was true of the first analysis, but not of the other **analyses**. (これは最初の分析には当てはまったが、他の分析には当てはまらなかった)	This was true of the first analysis, but not of the other **analysises**. (同)

1.3 -sで終わる名詞

単数形の名詞の中には語尾が-sで終わるものもある。これらは、通常の単数形の名詞とは使われ方が異なる。

❶ economics, electronics, mathematics, physics, politics, statisticsなどの単語が研究分野名として使われる場合、単数として扱われる。

❷ ルール❶の単語が研究分野名として使われていない場合、通常は複数として扱われるが、単数として扱われることもある。例外はelectronicsで、単数か複数かの区別なく扱われる。

❸ meansは平均を意味するmeanの複数形だが、a means of transportなどのように、方法を意味する言葉として使う場合は単数として扱われる。

❹ newsは不可算名詞（→**1.8節**）として扱う。diabetes, mumps, pusなどの医学用語も不可算名詞として扱う。

❺ -isで終わる名詞の複数形は語尾が-esに変化する（例：one analysis/thesis, two

1 2 3 4 5 6 7 8 9 10 11 12 13 14 15 16 17 18 19 20 21 22 23 24 25 26 27 28

analyses/theses)。

❻ speciesは単数としても複数としても扱われる。

	○ 良い例	○ 良い例
❶	**Economics is** one of the most popular subjects amongst students in our university. (経済学は本校の学生の間で最も人気のある科目の一つだ)	
❷	**Statistics is** a distinct mathematical science, rather than a branch. (統計学は単なる一分野ではなく、立派な数理科学の一学問だ)	It is not clear where **these statistics come** from. (これらの統計データは出典が明らかではない)
❷	In this case **the physics are** Eulerian invariant. (この場合の物理はオイラー的不変を示す)	If the **physics is** the same in central and peripheral collisions, then Eq. 1 yields.... (中心衝突と周辺衝突で物理が同じなら、式(1)は~となる)
❷	Competition is different in knowledge-based industries, because **the economics are** different. (知識集約型産業では、経済性が異なるため競争も異なる)	Climate change is a subject of vital importance but one in which **the economics is** fairly young. (気候変動は極めて重要なテーマであるが、その経済的側面の研究はまだ始まったばかりだ)
❸	**This means** of transport **is** the fastest. (この移動手段が一番速い)	Prison is **another means** of controlling young offenders. (刑務所は若い犯罪者を管理するもう一つの手段だ)
❹	**This news is** not good. (これは悪いニュースだ)	
❺	In my **thesis** I conducted an **analysis** of .... (私は卒業論文で~の分析を行った)	In their **theses** they conducted several **analyses** of .... (彼らは論文でいくつかの~の分析を行った)
❻	Genome transplantation in bacteria: changing **one species** to another (細菌のゲノム移植：種から種への変化)	**These species are** subdivided into serotypes. (これらの種は血清型で細分化されている)

1.4 集合名詞

❶ 名詞の中には、複数形を持つものの、単数形が複数としても使われるものがある。人の活動に関連する名詞に多く見られる。以下に例を示す。

> army, navy, air force, audience, board, cabinet, council, government, senate, class, committee, company, firm, corporation, crew, department, faculty, family, jury, majority, media, minority, public, staff, team

これらの名詞が複数の個人の集合体と理解されれば複数として扱い、個を感じない一つの集合体として理解されれば単数として扱う。

❷ peopleは複数として扱う。peopleをフォーマルに表現したpersonsが使われることも多い。personsは医学や心理学の研究論文や、乗り物の収容人数などを説明するときによく使われる。peopleは特定の小グループよりも一般的な人を指すときに使われることが多い。

❸ policeは複数として扱う。例：The police do not intervene.

	○ 良い例	× 悪い例
❶	The class **is** made up of 15 students.（そのクラスは15名で構成されている）	The class **are** made up of 15 students.（同）
❶	The board of examiners **is/are** authorized to make decisions regarding….（審査委員会は～に関する決定を行う権限を有している）	The board of examiners **are** a statutory body established by the department.（審査委員会は省が設置した法定機関だ）
❷	Under pressure, **many people admit** that they believe in ghosts.（重圧がかかると、多くの人が幽霊の存在を信じていると発言する）	Under pressure, **much people admits** that they believe in ghosts.（同）
❷	Title: Job satisfaction – How do **people** feel about their jobs?（タイトル：仕事満足度 ── 人は自分の仕事についてどう感じているのか？）	Title: Job satisfaction – How do **persons** feel about their jobs?（同）
❷	Title: A hypnotherapy treatment for **persons** prone to criminal activities（タイトル：犯罪傾向がある人のための催眠療法を用いた治療）	
	Title: Prevention of heart disease in older **persons**（タイトル：高齢者の心臓病予防）	

❸	The police **are** often perceived as being racist.（警察は人種差別的であると思われることが多い）	The police **is** often perceived as being racist.（同）

1.5 数と動詞の一致

❶ 一般的に、動詞が単数形をとるか複数形をとるかは、動詞の直前の名詞が単数か複数かによって決定される。例えば、The majority of **books have** now been digitized by Google.というセンテンスにはmajorityとbooksという2つの名詞があるが、動詞に近いほうのbooksが複数形であるためhaveとする。
❷ a number ofは複数、the number ofは単数として扱う。
❸ a set ofやa series ofは単数として扱う。
❹ more than oneは複数として扱う。

	○ 良い例	× 悪い例
❶	Around 40% of the **funds have** been deposited.（資金の約40%が預金された）	Around **40%** of the funds **has** been deposited.（同）
❶	The **majority** of those interviewed **were** African **Americans.**（インタビューに答えてくれたのは大半がアフリカ系アメリカ人だった）	The **majority** of those interviewed **was** African **Americans.**（同）
❶	Only a quarter of **these men are** still alive.（そのうち4分の1だけが生存している）	Only **a quarter** of all these men **is** still alive.（同）
❷	**A number of papers have** highlighted this major difference.（多くの論文がこの大きな違いを取り上げている）	**A number of papers has** highlighted this major difference.（同）
❷	**The number of papers** being published on this topic **has** increased.（このテーマで発表される論文は増えている）	**The number of papers** being published on this topic **have** increased.（同）
❸	**A set of** three parameters **is** obtained.（3つのパラメータを含む1つのセットが得られている）	**A set of** three parameters **are** obtained.（同）
❸	**A series of** four experiments **was** performed.（一連の4つの実験が行われた）	**A series of** four experiments **were** performed.（同）

	良い例	悪い例
④	This happens when there **is more than one** possible answer. (これは複数の回答が可能な場合に起きる)	This happens when there **are more than one** possible answer. (同)

1.6 可算名詞：冠詞が必要な場合

数えられる名詞を可算名詞という（例：30 books, many manuscripts, 100 apples, several PCs）。

① 単数可算名詞には冠詞（a, an, the）をつける。（例外については→**1.7節④**）
② 一般的なことについて話すときの複数名詞にはtheをつけない。
③ 可算の科学技術分野の頭字語（→**第22章**）は、他の可算名詞と同じように単数の場合は冠詞が必要で、複数の場合は-sをつける。（→**22.3節**）
④ asやinの後で、単数可算名詞であっても無冠詞で使われるものがいくつかある。

	○ 良い例	× 悪い例
①	**A book** is still an excellent source of information. (本はやはり優れた情報源だ)	**Book** is still an excellent source of information. (同)
①	**The book** that I am reading is about…. (私が読んでいる本は～に関する本だ)	**Book** that I am reading is about…. (同)
①	This acts as **an alternative**. (これは代替手段として機能する)	This acts as **alternative**. (同)
①	When I was **a student**… (私が学生のとき～)	When I was **student**… (同)
①	You cannot leave **the country** without **a passport**. (パスポートがないと出国できない)	You cannot leave **country** without **passport**. (同)
②	**Funds** are essential for research. (研究には資金が不可欠だ)	**The funds** are essential for research. (同)
②	Throughout the world, **full professors** tend to earn more than **researchers**. (世界的に見ても、正教授は研究員よりも収入が多い傾向にある)	Throughout the world, **the full professors** tend to earn more than **the researchers**. (同)

❸	Access requires **a PIN** (personal identification number). (アクセスにはPIN[個人識別番号]が必要だ)	Access requires **PIN** (personal identification number). (同)
❸	The number of purchases of **CDs** is only 1% of what it was 25 years ago. (CDの販売枚数は25年前の1%に過ぎない)	The number of purchases of **CD** is only1% of what it was 25 years ago. (同)
❹	We used a 5-kR resistor placed **in series.** (我々は5kRの抵抗を直列に配置したものを使用した)	We used a 5-kR resistor placed **in a series.** (同)
❹	All non dummy variables are **in log form**. (ダミー以外の変数はすべて対数形式である)	All non dummy variables are **in a log form**. (同)
❹	We used X **as input**, and Y **as output**. (Xを入力とし、Yを出力とした)	We used X **as an input**, and Y **as an output**. (同)

1.7 単数可算名詞：不定冠詞（a, an）を使う場合と使わない場合

❶ 単数可算名詞の中には、冠詞をつけてもつけなくてもどちらでもよいものがある。明確なルールがあるわけではなく、使い方は研究分野や筆者によって異なるようだ。

❷ 名詞の後にofをつけて詳細情報を続ける場合、aまたはanをつける。

❸ 単数可算名詞の中には、総称的に使われるときは冠詞を必要としないものもある。

❹ 交通手段を表すとき、byの後の名詞は無冠詞で使う。前置詞を使って時を表すとき、冠詞を使わないこともある。

	不定冠詞（a, an）を使う	不定冠詞（a, an）を使わない
❶	It is stored in **a compact form.** (コンパクトに収納されている)	It is stored in **compact form**. (同)
❶	As these parameters are fixed, a grammar is determined, what we call **a "core grammar."** (これらのパラメータが固定されると文法が確定する。それをコア文法と呼ぶ)	We call this kind of abstraction **"aggregation."** (このような抽象化を我々は集約化と呼んでいる)

❶	These were obtained by using 3-chloro-1-propanol **as the internal standard.** (これらは3–クロロ–1–プロパノールを内部標準として得られた)	These fats were used **as internal standard.** (これらの脂肪は内部標準として使用された)
❶	**An analysis** of the data showed that …. (データを分析した結果、～であることが示された)	**Analysis** of the data showed that…. (同)
❶	… with **a probability** of 0.25 (P値は0.25であった)	… with **probability** 0.25. (同)
❶	The software is used under **a license** from IBM. (本ソフトウェアはIBMのライセンスのもとで使用されている)	The software is used under **license** from IBM. (同)
❷	This analysis indicated that the number of strata could be reduced considerably **without a loss** in the precision of the values found. (この分析から、層の数をかなり減らしても得られる値の精度は落ちないことがわかった)	This analysis indicated that the number of strata could be reduced considerably **without loss** of precision and **without loss** of generality. (この分析から、層の数をかなり減らしても、精度も一般性も損なわれないことがわかった)
❷	The guinea-pigs were housed singly or in pairs at **a room temperature** of 20–22°C. (モルモットは室温20～22℃で単独またはペアで飼育した)	The samples were stored at **room temperature.** (標本は室温で保存した)
❷	This was followed by etching in **an aqueous solution** of phosphoric acid and chromic acid. (その後、リン酸とクロム酸の水溶液でエッチングを行った)	We examined the reaction between methylchloride and chloride ion in the gas phase and in **aqueous solution** using techniques based on …. (気体および水溶液中の塩化メチルと塩化物イオンの反応を～に基づく手法で検討した)
❸	Their new perfume depicts **a strawberry** on the label. (その新しい香水のラベルにはイチゴが描かれている)	Their new perfume smells of **strawberry.** (その新しい香水はイチゴの香りがする)

④	They rented **a car** to travel through India. (彼らはインド国内を旅するためにレンタカーを借りた)	They traveled through India **by car**. They drove **by night**. They discovered that it often rains in India **in [the] summer**. (彼らはインド国内を車で旅行した。夜間も車を走らせた。インドでは夏によく雨が降ることを知った)

1.8 不可算名詞：使い方の一般的なルール

不可算名詞とは、化学物質、気体、金属、材料など、それ以上の部分に分解できないものをいう。多くの不可算名詞があるが、研究論文でよく使われるものを以下に挙げる。

> access, accommodation, advertising, advice*, agricultureなどの研究名、capital, cancerなどの病名、consent, electricityなどの無形なもの、Englishなどの言語名、equipment*, evidence*, expertise, feedback, functionality, furniture*, gold*などの金属名、hardware, health, industry, inflation, information*, intelligence, luck, knowhow, luggage*, machinery*, money, news, oxygenなどの気体名、personnel, poverty, progress, research, safety, security, software, staff, storage, traffic, training, transport, waste, wealth, welfare, wildlifeなど。

アスタリスク（*）のついた不可算名詞は、piece ofを使って単数にも複数にもできる（例：a piece of advice, two pieces of equipment, one piece of information)。

不可算名詞は次のことができない。

① 語尾に-sをつけて複数形にできない。したがって、不可算名詞を受ける動詞は複数形対応の活用（例：are, have）をしない。
② a, an, one, many, few, several, theseなどの明確に数を示す単語の後に置けない。

	○ 良い例	× 悪い例
①	**This information** is confidential. (この情報は機密だ)	**These informations are** confidential. (同)

❶	**Feedback** from users on usage of the software **has** shown that.... (ユーザーから寄せられたソフトウェア使用後の感想から～ということがわかった)	**Feedbacks** from users on usage of the software **have** shown that.... (同)
❶	The **news is** good – our manuscript has been accepted. (原稿が受理されたことは良いニュースだ)	The **news are** good – our manuscript has been accepted. (同)
❷	We need **several new pieces of equipment** and **[some] new software**. (新しい装置と新しいソフトウェアが必要だ)	We need **several new equipments** and **a new software**. (同)
❷	Our institute only has **a little money** available for funding. (我々の研究所は資金が極めて乏しい)	Our institute only has **few money** available for funding. (同)
❷	We have not done **much research** in this area. (我々はこの分野ではあまり研究を行っていない)	We have not done **many researches** in this area. (同)
❷	**Written consent** was obtained from all patients. (すべての患者から書面による同意を得た)	**A written consent** was obtained from all patients. (同)
❷	She has **expertise** in this field. (彼女はこの分野での専門知識を持っている)	She has **an expertise** in this field. (同)

1.9 不可算名詞：単数と複数で異なる単語を使う

❶ 不可算名詞を複数形にするときは、そのまま複数形にせずに別の単語に置き換えると良い。

❷ 名詞を修飾する形容詞の位置に不可算名詞を置くこともある。

	○ 良い例	× 悪い例
❶	She is **an expert** in many areas. (彼女は多くの分野の専門家だ)	She has **expertises** in many areas. (同)
❶	The **features** of this application **are** outstanding. (このアプリの特徴は群を抜いている)	The **functionalities** of this application **are** outstanding. (同)

❶	The **functionality** of this application **is** outstanding.（このアプリケーションの機能は抜群だ）	＊functionalityは不可算名詞だが、functionalitiesも許容されつつある。
❶	They have **a new advertisement** on TV.（その会社はテレビで新しい広告をオンエアしている）	They have **a new advertising** on TV.（同）
❶	I have done **several jobs** both in industry and research.（私はこれまで産業界とアカデミアの両方でさまざまな仕事をしてきた）	I have done **several works** both in industry and research.（同）
❶	They work in research and also for **a manufacturing company.**（彼らは研究活動に従事しつつ製造業でも働いている）	They work in research and also for **an industry.**（彼らは研究活動に従事しつつ産業界でも働いている）
❶	We need **a program** / **an app**.（プログラム／アプリが必要だ）	We need **a software.**（ソフトウェアが必要だ）
❷	We need **a software application.**（ソフトウェアアプリケーションが必要だ） ＊softwareは形容詞として機能している。	
❷	We have **a training course** tomorrow.（明日は研修会がある） ＊trainingは形容詞として機能している。	We have **a training** tomorrow.（同）

1.10 不可算名詞：その他の重要なポイント

❶ 名詞の中には、それぞれ異なる意味を持ちながら可算名詞と不可算名詞の両方に使われるものがある。

❷ 名詞の中には、単数形と複数形でまったく同じ意味を持つものがある。

❸ 不可算名詞の中には、形容詞を前につけて可算名詞として使われるものがある。

	不可算名詞	可算名詞/複数形
❶	**Paper** and **coffee** are becoming expensive commodities.（紙もコーヒーも高価なものになりつつある）	She has **a coffee** and reads **a paper** every day.（彼女は毎日コーヒーを一杯飲み、新聞を一紙読む）

		She has just finished **another paper** (i.e. a manuscript). (彼女は別の原稿を書き終えたばかりだ)
❶	The role of traditional medicine is being undermined by alternative **medicine.** (伝統医学の役割は代替医療によって代わられつつある)	The occurrence and fate of **medicines** in the environment – i.e. how they are absorbed into the water and soil systems – has rarely been investigated. (環境中の医薬品の動態、すなわち水系や土壌系にどのように吸収されるかは、これまでほとんど調べられていない)
❶	The explosion caused considerable **damage** to the machine. (機械はこの爆発でかなりのダメージを受けた)	The company has been awarded **damages** (i.e. compensation) as a result of the lawsuit. (訴訟の結果、その会社は損害賠償の義務を負った)
❶	Dealing with **waste** is a major problem in the West. (欧米では廃棄物の処理が大きな問題になっている)	The conference was **a waste of time.** (会議は時間の無駄だった)
❶	This **work** (i.e. this research, manuscript) is worth publishing. (この研究は論文にして発表する価値がある)	The field of the cultural heritage investigates ways of preserving **works** of art. (文化遺産の分野では芸術作品の保存方法について研究している)
❷	This **data is** fascinating. (このデータは魅力的だ)	These **data are** fascinating. (同)
❷	Teenagers often exhibit **behavior** that is annoying for adults. (10代の子どもは大人にとって迷惑な行動をとることがよくある)	Some autistic children exhibit **behaviors** that are potentially .... (自閉症児の中には潜在的に～な可能性を示唆する行動をとる子もいる)
❷	Several devices were tested and their **performance** was evaluated. (いくつかのデバイスをテストし、性能を評価した)	Several devices were tested and their **performances** were evaluated. (同)
❸	This does not imply prior **knowledge** of.... (これは～の予備知識を意味するものではない)	She has **a good knowledge** of English. (彼女は英語の知識が豊富だ)

第2章

名詞：所有格

所有格の-'sのつけ方に明確なルールが存在しているわけではない。ときには矛盾していることもある。ネイティブスピーカーたちは、何が正しくて何が誤りかを直感的に判断できるが、必ずしも彼らの理解は一致していない。以下に一般的なルールを紹介する。

- 人名、会社名、施設名につける（例：Smith's book, Apple's profits, IMT's staff）
- 動物につける（例：the dog's bone）
- 時間経過につける（例：in three years' time）

所有格の-'sをつけるかどうかに迷ったら、Google Scholarで類似の例を探してみよう。それでもわからない場合は、［名詞＋of＋名詞］の公式に当てはめよう。例えば、the company's assetsという使い方に自信がなければ、the assets of the companyとする。

所有格の使い方を間違えても、重大なミスになることはほとんどない。本章では、研究論文において上記のルールが尊重される場合とされない場合について詳しく解説する。

2.1 論文著者と査読者の所有格の作り方

❶ 著者名の最後の文字の後に-'sを置く（名称、国名も同様）。名前の前にtheを置かない。

❷ 著者名の最後の文字がsであっても、-'sをつける。例外：英語以外の姓で、末尾が無声音のsで終わるもの（例：Camus' first novel, Descartes' meditations）。

❸ 論文著者が2人いる場合、2人目の著者名の後（またはet alの後）に-'sを置く。複合名詞にも同様のルールが適用される（例：his mother-in-law's house）。

❹ 2つの論文が別々の著者によって執筆されている場合は、両方の著者名に-'sをつけなければならない。

❺ 名詞が複数形の場合（例：referees, those authors, editors）、末尾のsの後にアポストロフィだけをつける。

⑥ 査読者に番号がついている場合は、番号の後に-'sをつける。

	○ 良い例	× 悪い例
❶	**Simpson's** paper is an excellent introduction to the topic. (シンプソンの論文はこのテーマの優れた入門的論文だ)	**The Simpson's / Simpson** paper is an excellent introduction to the topic. (同)
❶	We have answered the **referee's** questions. (私たちは査読者の質問に答えた) ＊査読者は1人だけ。	We have answered the **referee** questions. (同)
❶	I have just received the **editor's** decision along with the **committee's** report. (私はちょうど今、委員会の報告書とともに編集者の判定を受け取った)	I have just received the **editor** decision along with the **committee** report. (同)
❷	**Jones's** seminal paper. (ジョーンズのセミナル［影響力の大きい］論文)	**Jones'** seminal paper. (同)
❸	**Smith and Simpson's** paper. (スミスとシンプソンの共著論文)	**Smith's and Simpson's** paper. (同)
❸	**Smith et al's** paper. (スミスらの論文)	**Smith's** et al paper. (同)
❹	**Smith's paper and Li's paper** take two very different positions. (スミスの論文とリーの論文はそれぞれ非常に異なる立場をとっている)	**Smith and Li's** paper take two very different positions. (同)
❺	It is each applicant's responsibility to ensure that the **three Referees'** Reports are submitted by …. (3名の査読報告書を～日までに遅延なく提出させることは各申請者の責任だ)	It is each applicants' responsibility to ensure that the **three Referee's** Reports are submitted by …. (同)
❻	We have answered the three referees' questions, and specifically, we have added a new section as per **Referee 1's** request. (我々は3名の査読者の質問に答え、特に新しいセクションを査読者1の要求に従い追加した)	We have answered the three referees' questions, and specifically, we have added a new section as per **Referee's 1** request. (同)

2.2 理論名や機器名の所有格の作り方

❶ [the＋人名＋'s] の構造にしない。

❷ [the＋人名＋名詞] の構造で所有格を表すことができる。この構造は非常にフォーマルで、有名な人名にしか使えない。つまり、Adrian Wallwork（この本の著者）はそれほど有名ではないので、the Adrian Wallwork theory of writingという表現は誤りとなる。

❸ [科学者名＋'s＋名詞] の構造は、通常、主にその科学者に焦点が当たる（ルール❺を参照）。彼らの独自の考え方や人生などについて説明するときなどに使われる。

❹ 科学者名を形容詞的に使った [科学者名＋名詞] の構造では、焦点はその科学者ではなく、その科学者の方法を論文筆者が利用したことに当たる。

❺ 所有格が、科学者に焦点を当てるのではなく、科学者の理論や検定を筆者が利用したことに焦点を当てる場合に使われることがある。例えば、[不定冠詞＋人名＋名詞] の構造で装置名などに言及できる。

❻ ある法則や理論などが複数の科学者による発案であった場合、-'sは最後の科学者の名前の末尾にのみつける。このような場合もルール❷が適用される。

❼ 2人の科学者が関与する場合、ルール❷の構造が適切な場合がある。

	所有格を使う	所有格を使わない
❶	**Adrian Wallwork's** manual on writing.（エイドリアン・ウォールワークのライティングマニュアル） ＊**The Adrian Wallwork's** manual on writing. と表現するのは誤り。	
❷	As predicted by **Newton's theory** of gravity, Mercury's orbit is elliptical.（ニュートンの重力理論で予測されたように、水星の軌道は楕円形だ）	**The Newton Theory** of Gravity states that ….（ニュートンの重力理論では～）
❷	The premise of **Darwin's theory** of evolution is that ….（ダーウィンの進化論の前提は～）	This work was inspired by **the Darwin Theory** of Evolution.（この研究はダーウィンの進化論から着想を得た）

❸ ❹	**Fourier's analysis** of linear inequality systems highlights that he placed more importance on …. (フーリエの線形不等式系解析から、彼が～をより重要視していたことがわかる)	We used **Fourier analysis** to evaluate the …. (我々はフーリエ解析を用いて～を評価した)
❸ ❹	**Turing's machine** was designed to be an idealized model of a human computer. (チューリングマシンは人間の計算プロセスの理想的モデルとして設計された)	We may think of **a Turing machine** as a …. (私たちはチューリングマシンを～と考えるかもしれない)
❸ ❹	**George Boole's** father was a tradesman who gave his son his first lessons in logic and mathematics. (ジョージ・ブールは貿易商の父から論理学と数学の手ほどきを受けた)	**Boolean algebra** is a logical calculus of …. (ブール代数とは～の論理的計算だ)
❺	One-way ANOVA with **Tukey's post hoc test** for individual treatment differences was used for statistical analysis. (個々の処理差については、一元配置分散分析とテューキーの事後検定を用いて統計解析を行った)	**A Tukey post hoc test** was used to compare the four groups. (テューキー事後検定を用いて4群の比較を行った)
❻	**Beer-Lambert's law** has often been used to model canopy transmittance. (ランベルト・ベールの法則が、キャノピーの透過率をモデル化するためによく使われてきた)	**The Beer-Lambert law** has often been used to model canopy transmittance. (同)
❼		In this paper **the Kolmogorov-Smirnov statistical test** for the analysis of histograms is presented. (この論文では、ヒストグラムの分析のためのコルモゴロフ・スミルノフ検定が紹介されている)

2.3 企業名と政治家名

2.2節のルール❷と❸は企業名と政治家名にも適用される。

	所有格を使う	所有格を使わない
❷❸	**Nike's** decision to raise the prices of their shoes is in direct contrast to **Camper's** decision to lower their prices.（ナイキが靴の値上げに踏み切ったこととは対照的に、カンペールが値下げに踏み切った） ＊Nikeは経営幹部として捉えられている。	The survey found that typical consumers had, over the 12-month period, bought at least two **Nike** products and one **Apple** iPhone or iPad.（この調査によると、一般的な消費者は12ヵ月の間に、少なくとも2つのナイキ製品と、1つのアップル社製のiPhoneまたはiPadを購入していることがわかった） ＊NikeとAppleは製品を表す形容詞のように使われており、経営幹部とは見なされていない。
❷❸	**Obama's** administration was initially much more popular than Bush's or Clinton's.（オバマ政権は、当初ブッシュ政権やクリントン政権よりもずっと人気があった） ＊他の大統領との対比の中で、大統領個人に焦点が当たっている。	The **Obama** tried to block Alabama's new administration immigration laws.（オバマ陣営はアラバマの新しい州政府の移民法を阻止しようとした） ＊オバマ氏のために働いたすべての人々に焦点を当てて全体として見ている。

2.4 大学名、部署名、研究所名の所有格

❶ 大学関係者など高い地位にある人のことは、所有格を使わずに書く傾向にある。

❷ 目論見書、ウェブサイト、論文、公式文書など、正式な場面では［the＋university＋of＋都市名］と書く。

❸ 生徒の立場では［都市名＋university］と書く。この構文は正式ではない。ルール❷の構文に置き換えることが可能。

	○ 良い例	 ✕ ❶❷ 一般的ではない例 ❸ 悪い例
❶	The **Chancellor of the University of Cambridge** is meeting the **Rector of the University of Coimbra**.（ケンブリッジ大学総長がコインブラ大学学長と会うことになっている）	The **University of Cambridge's chancellor** is meeting the **University of Coimbra's Rector**.（同）

❷	**The University of Bologna** is the oldest university in the world.（ボローニャ大学は世界で最も古い大学だ）	**Bologna University** is the oldest university in the world.（同）
❸	I studied at **Bologna University / the University of Bologna**.（私はボローニャ大学で学んだ）	I studied at **Bologna's University.**（同）

2.5 動物の所有格

❶ 生きている動物の体に言及するときは所有格の -'s を使う。
❷ 生きている動物から作った製品に言及するときは所有格の -'s を使う。
❸ 死んだ動物から作った製品やその体の一部に言及するときは所有格の -'s は使わない。

	○ 良い例	× 悪い例
❶	The temporal lobes of the **monkey's brain**（サルの脳の側頭葉）	The temporal lobes of the **monkey brain**（同）
❷	We used **ewe's milk** rather than **cow's milk**.（私たちは雌牛ではなく雌羊のミルクを使った）	We used **ewe milk** rather than **cow milk**.（同）
❷	**Lamb's wool** is ideal for this kind of outdoor clothing.（羊毛はこのタイプの外出着に最適だ）	**Lamb wool** is ideal for this kind of outdoor clothing.（同）
❸	Collagen can be obtained from **calf skin** or **rat skin**.（コラーゲンは子牛やネズミの皮膚から採取することができる）	Collagen can be obtained from **calf's skin** or **rat's skin**.（同）
❸	In some parts of the world they eat **monkey brain**.（世界にはサルの脳を食べる地域もある）	In some parts of the world they eat **monkey's brain**.（同）

2.6 無生物の所有格

例外（会社名、国名、都市名、惑星名）を除けば、通常、無生物の所有格が主語として使われることはない。しかし、場合によっては無生物にも所有格が使われることもある。使い方は学問分野によって異なり、通常の英文法のルールから逸脱することがある。多くの場合、[the＋名詞＋of＋the＋名詞] の構造を使用することができるので、自信がないときは、ofを使った構造を使おう。(➔**16.10節**、**16.11節**)

一般的な使用例	文法的には正しいがあまり使われない
The role of the **brain** is crucial. (脳の役割は極めて重要だ)	The **brain's** role is crucial. (同)
The tasks of the **network** is to converge to a particular output. (ネットワークのタスクは特定の出力に収束させることだ)	The **network's** task is to converge to a particular output. (同)
An understanding of the effects of **malaria** on the region's inhabitants is vital. (マラリアがその地域住民に与える影響を理解することは極めて重要だ)	An understanding of **malaria's** effects on the region's inhabitants is vital. (同)
The radius of the **circle** (円の半径)	The **circle's** radius (同)
The approximate time of the arrival of the **plane** was calculated. (その飛行機のおおよその到着時刻が計算された)	The approximate time of the **plane's** arrival was calculated. (同)
The occupants of the **flat** were all arrested. (アパートの住人は全員逮捕された)	The **flat's** occupants were all arrested. (同)

2.7 時間の所有格

❶ 時間の所有格は時間を形容詞的に使うときに使われる。

❷ aやtheが先行する時間表現は所有格にできない。[名詞＋名詞] の構造の最初の名詞が単数形であるのは、次の名詞を説明する形容詞として機能しているからだ。

	○ 良い例	✕ 悪い例
❶	I'm taking three weeks' vacation next month. (私は来月3週間の休暇をとります) = three weeks of vacation	I'm taking three weeks vacation next month. (同)

❷	He's on **a** 3-wee**k** vacation.（彼は3週間の休暇をとっている）	He's on **a** three week**s'** vacation.（同）
	He's on **a** three-wee**k** vacation.（同）	He's on **a** three week**s** vacation.（同）

第3章

不定冠詞：a, an

3.1 aとanの使い方：基本ルール

不定冠詞aは次のような場合に使われる。

❶ 子音の前（例外：ルール❽参照）
❷ youと発音する‘u’の前（例：university, unique）
❸ euの前（例外：略語）
❹ oneの前
❺ hの前（例外：ルール❽参照）

不定冠詞anは次のような場合に使われる。

❻ a, e（例外：eu), i, oの前
❼［ʌ］と発音する‘u’の前（例：understanding, unpredictable）
❽ hour, honor, heir, honestおよびこれらの派生語と、herb, herbicide（アメリカ英語）の前。これら以外のhで始まる単語の前ではanは使われない（例外：略語）。
注：historicalにはaもanも使われる。

	aを使う		anを使う
❶	**a** Sony laptop, **a** Vodafone application（ソニーのノートパソコン、ボーダフォンのアプリ）	❻	**an** Apple laptop, **an** Orange telephone（アップルのノートパソコン、オレンジ社の電話）
❷	**a** universal law（普遍的法則）	❼	**an** undisputed argument（論争の余地のない議論）
❸	**a** European project（ヨーロッパのプロジェクト）	❸	**an** EU project（EUのプロジェクト）
❹	**a** one-off payment, **a** one-day trial（1回払い、1日体験）		

❺	**a** hierarchy, **a** Hewlett Packard computer（階層、ヒューレット・パッカードのコンピュータ）	❽	**an** hour, **an** HP computer（1時間、ヒューレット・パッカードのコンピュータ）

3.2 aとanの使い方の基本ルール：頭字語（アクロニム→1.1節）、数値、記号の前で

❶ B, C, D, G, J, K, P, Q, T, U, V, W, Y, Zで始まる頭字語にはaを使う。

❷ A, E, F, H, I, L, M, N, O, R, S, Xで始まる頭字語にはanを使う。

❸ 頭字語は、1文字ずつ読むこともあるが（例：EU, UN, US）、1つの単語として読まれることもある（例：NATO, URL, PIN, UNICEF）。単語として読まれる場合、通常のa/anのルールが適用される。文字として読まれる場合は、ルール❶と❷が適用される。

❹ 数値（例：100 kilowatt battery）の前でaかanのどちらを使うべきかは、まず頭の中でその単語の発音を確認してから考えよう。例えば、a one hundred kilowatt batteryは前節のルール❹に、an eight kilowatt batteryはルール❻に従う。

❺ 記号やギリシャ文字の前にaかanのどちらを置くべきかも、前節のルールに従って決める。

	aを使う	anを使う
❶ ❷	a US soldier, a VIP lounge, a YMCA hostel（米軍兵士、VIPラウンジ、YMCAホステル）	an IBM machine, an MTV program, an SOS signal（IBMの機器、MTVの番組、SOS信号）
❸	a USB, a NATO officer（USB、NATO将校）	an URL, an NLP course（URL、NLPコース）
❹	a 1 GB disc, a 10 GB disc, a 12 GB disc（1GBディスク、10GBディスク、12GBディスク）	an 8 GB disc, an 11 GB disc, an 18 GB disc（8GBディスク、11GBディスク、18GBディスク）
❺	a #（ハッシュ）	an E（イプシロン）
	a %（パーセント）	an *（アスタリスク）

3.3 aとanの使い方の基本ルール：oneとの違い

oneは数詞であり単に数字を表す。しかし次のような表現では、aやanの代わりにoneを使う。

❶ 数を強調するとき
❷ one… to another（～から～へ）という成句
❸ one way（1つの方法）という表現
❹ one day next weekなどの慣用表現

	oneを使う（数詞として）	a/anを使う
❶	We need **one** manual, not two manuals.（我々が必要なマニュアルは2冊ではなく1冊だ）	We need **a** manual, not just any type of document.（我々はどのような書類でもよいというわけではなく、マニュアルが必要だ）
❶	Unfortunately, there is only **one** solution in such cases – surgical intervention.（残念ながら、このような場合の解決策はただ1つしかない。外科的介入だ）	In this paper we present **an** innovative solution to the three-bus problem.（この論文では、3台バス問題の革新的解決策を紹介する）
❶		This parameter has **a unique** value.（このパラメータには独特の価値がある）
❶	If you make even **one** mistake with Prof Syko, she will fail you.（シイコ教授のクラスでは1つでもミスをしたら落第するだろう）	If you make **a** mistake with Prof Normo, it's not a problem – he's really relaxed.（ノルモ教授のクラスでは1回くらいミスをしても大丈夫だ。先生はそれほど厳しくない）
❶	We conducted **one** experiment in which students had to memorize 100 words in English, and another in which they had to remember 200 words.（学生を対象に、100個の英単語を覚えてもらう実験と200個を覚えてもらう実験を行った）	We conducted **an** experiment in which students had to memorize 100 words in English. This was the only experiment we conducted and it proved that ….（生徒たちに100個の英単語を覚えてもらう実験を行った。行った実験はこれだけで、その結果～が証明された）

❷	We went from **one** town **to another.**（我々は町から町へと移動した）	The conference is in **a** town near Istanbul.（会議はイスタンブール近郊の町で行われる）
❸	**One way** to do this is to ....（これを行う一つの方法は～）	**A novel way** to do this is ....（これを行う斬新な方法は～）
❹	We could have the meeting **one day next month.**（来月中に会議を開くことができるだろう）	**A good day** to meet would be next Tuesday.（会議を開くなら来週の火曜日がよいだろう）

3.4 aとanの使い方の基本ルール：theとの違い

❶ 何かに最初に言及するときはaかanを使う。

❷ その後、相手があなたの言及している内容を理解している場合にはtheを使う。

❸ 具体的な特徴のないものに言及するときはaかanを、特定のものや相手が既知のものを指す場合はtheを使う。

	aやanを使う	theを使う
❶ ❷	The only thing you can take into the examination tomorrow is **a dictionary.**（明日の試験に持ち込めるのは辞書だけだ）	The only thing you can take into the examination is a dictionary. **The dictionary** you choose can either be mono- or bi-lingual.（試験に持ち込めるのは辞書だけだ。辞書は単一言語辞書でも二言語間辞書でもよい）
❶ ❷	This paper presents **a new system** for modeling 4D maps.（本論文では、4Dマップをモデリングするための新しいシステムについて述べる）	This paper presents a new system for modeling 4D maps. **The system** is based on ....（本論文では、4Dマップをモデリングするための新しいシステムについて述べる。このシステムは～に基づいている）
❶ ❷	I don't have **a computer** at home.（私は自宅にパソコンがない）	I have a computer at home and at work. **The computer** that I have in my office is a Mac and the one at home is an HP.（私は自宅と職場にパソコンがある。職場にあるパソコンはMacで、家にあるのはHPだ）

❶ ❷	ABSTRACT In this work, we make **an attempt** to test the efficiency of .... (抄録：本研究で我々は～の効率の検証を試みた)	RESULTS In this work, **the attempt** to assess the relative efficiency of the tested methods was carried out on two levels. (結果：本研究で我々は、検証に用いた方法の相対的な効率を評価する試みを2段階で行った)
❸	**A comparison** of our data with those in the literature indicates that .... (データと文献のデータを比較した結果、～ということが示された)	**The comparison** given in Sect. 2.1 highlights that .... (2.1節に示した比較から、～ということがわかる)
❸	We are now in **a position** to apply Theorem 13. (定理13を適用する準備ができた)	The diagram indicates **the position** of each piece of equipment. (図には各機器の位置が示されている)
❸	Contrary to what is currently thought, there is **a growing demand** for experts in this field. (現在の認識に反して、この分野の専門家の需要は高まっている)	We need to satisfy **the growing demand** for experts in this field, which looks set to increase even further. (この分野の専門家の需要増加を満たす必要があるが、今後さらに高まることが確実視されている)
❸	This is **a first step** towards combatting terrorism in that area. We cannot be sure of the outcome .... (これはその地域のテロと戦うための第一歩だ。結果はわからないが～)	This is **the first step** towards combatting terrorism in that area. The second step is to .... (これがその地域のテロと戦うための最初のステップだ。第二のステップは～)

3.5 aとanの使い方の基本ルール：定義と説明

❶ カテゴリー（類似性で人や物を分類したもの）の一例について話すときはaやanを使う。この場合、aはany（どんな～でも）を意味する（→**6.2節、6.3節**）。

❷ theを使ってカテゴリー構成要素全体を総称化することができる。この場合のtheはall theを意味する。

❸ 定義をするときはaやanを使う。

❹ ある実体について一般的な説明をするときはtheを使う。

aやanを使う	theを使う
❶ **A camel** (= any camel) can go for days or even months without water because, unlike other animals, camels retain urea and do not start sweating until their body temperatures rise. (ラクダは(＝どのラクダも)、他の動物と違って尿素を保持でき、体温が上がるまで汗をかかないため、何日も、あるいは何ヵ月も水なしで生きることができる)	❷ **The panda** (= all the pandas in the world) is in danger of becoming extinct. (パンダ(＝世界中のすべてのパンダ) は絶滅の危機に瀕している)
❸ **A computer** is an electronic device for storing and processing data. (コンピュータとはデータを保存し処理するための電子機器だ)	❹ **The computer** has changed the way we live. (コンピュータは私たちの生活を大きく変えた)

3.6 a, an, theの使い方の基本ルール：体の各部位を指すとき

❶ 定義をするとき、内臓にはtheを、それ以外の器官にはaやanを使う。代名詞の所有格を使うとインフォーマルな表現になる。

❷ 一般的な表現にはaやanを、特定の部位を指すときにはtheを使う。男性または女性（雄または雌）の体の部位に言及するときは無冠詞でhisまたはherを使う。

❸ 人や動物の体で複数ある部位を指すときはaやanを使い、一つしかない部位を指すときはtheを使う。

❹ 人や動物の体に同じ部位が複数あり、そのうちの一つに言及するときはaやanを使う。それらすべてに言及するときはtheを使う。

❺ 誰かの体に何かを行ったとき、その部位にtheを使う。このとき、その体の部位が誰のものかということよりも、その部位そのものに焦点が当てられる。

	aやanを使う	theを使う	所有格を使う
❶	**A beard** is the growth of hair on the face of an adult male.（髭とは、成人男性の顔に生えている体毛のことだ）	**The heart** is the most important muscle of the human body.（心臓は人体で最も重要な筋肉だ）	**Your heart** is about the same size as your fist and weighs a little less than two baseballs.（心臓は拳とほぼ同じ大きさで、重さは野球ボール2個分より少し軽い）
❷	The patient had camouflaged his abnormal neck appearance with **a beard**.（患者は首の外観異常を髭で隠していた）	The average length of the long guard hairs of the goat near the front of **the beard** was measured.（ヤギの髭の保護毛の平均的な長さを測定した）	Employees cannot be fired in cases where the employee refuses to shave **his beard**.（従業員が髭を剃ることを拒否したことを理由に解雇することはできない）
❸	The patient, a male aged 24, had burned **an arm**.（患者［24歳、男性］は腕に火傷を負っていた）	The patient complained of discomfort in **the back**.（患者は背中の違和感を訴えた）	The patient complained of discomfort in **his back**. He had also burned **his left arm**.（患者は背中の違和感を訴えた。また左腕に火傷を負っていた）
❹	When hexanol is placed on the antennae of an insect, the insect cleans itself. When it is held close to **an antenna**, the insect normally turns away.（昆虫の触角にヘキサノールを付着させると、昆虫はそれを取り除こうとする。触角の一本に近づけると逃げていく）	Dust that might entangle **the antennae** of the parasites was removed with a small brush.（寄生虫の触角に絡まる可能性のある埃を小さなブラシで取り除いた）	The **male** mounted the **female** and aligned himself along the axis of **her body**, and tried to place **his antennae** between those of the female.（オスはメスの上に乗り、メスの体軸に沿って体勢を整え、メスの触覚の間に自分の触角を伸ばそうとした）

❺	We managed to relieve a patient of a pain in **a leg** that had been amputated several years before. (我々は数年前に切断された患者の足の痛みを和らげることができた)	The bullet hit him in **the arm**. (弾丸が彼の腕に当たった) He was hit in **the arm**. (彼は腕を撃たれた)	In the second year of **her illness**, the patient developed stiffness in **her arm**. (発病2年目に腕の強張りを発症した)

第4章

定冠詞：the

4.1 定冠詞theの使い方：基本ルール

基本的に、定冠詞theはすべての場合ではなく特定のものを指すときに使う。しかし、次の2つの例で示されるように、すべてを指すか特定のものを指すかは必ずしも単純ではない。

A）**Male professors** of physics from China who also work in the field of mathematics and who have studied in the USA, tend to ….（中国出身の物理学の教授で、数学の分野でも研究をし、米国で学んだ経験のある男性教授は～する傾向がある）

B）**The male professors** of physics who also work in the field of mathematics that **Anna met** at the conference are ….（アンナが学会で出会った、数学の分野でも仕事をしている男性の物理学の教授たちは～）

例文Aはとても具体的な叙述をしているように見えて実はそうではない。具体的であるためには、「どの教授？」という問いに答えられなければならない。この例文では具体的にどの教授のことかがわからない。例文BのAnna met at the conference areは、世の中のすべての教授を指しているのではなく、Annaが学会で会った何人かの教授という限定された教授を指している。

以下の例は、読者の皆さんの言語では定冠詞を使わないかもしれないが、英語では定冠詞を使わなければならない典型的な例だ。

○ 良い例	× 悪い例
The aim of this document is to prove ….（本文書の目的は～を証明することだ） ＊theは「我々の」を意味する。	**Aim** of this document is …. （本文書の目的は～）
The computers that are used in our department are all Hewlett Packard, and **the software** that we use is all proprietary software.（我々の部署で使っているパソコンはすべてヒューレット・パッカード社製で、ソフトはすべて専用ソフトだ） ＊theは「我々の」を意味する。	**Computers** used in our department are all Hewlett Packard, and **software** that we use is all proprietary software.（同）

The government have increased taxes. (政府は増税を行った) ＊theは「我国の」を意味する。	**Government** have increased taxes. (同)
As reviewed in **the literature**…. (文献にあるように～) ＊theは「当該分野の」を意味する。	As reviewed in **literature** …. (同)
All the samples were cleaned in **the laboratory.** (すべてのサンプルを実験室で洗浄した) ＊theは「我々の」を意味する。	All the samples were cleaned in **laboratory.** (同)
The results of the present study show …. (本研究の結果、～) ＊theは「我々の」を意味する。	**Results** of the present study show …. (同)

4.2 定冠詞theの使い方：特定する

定冠詞の機能を説明するときに使われる“特定する”という言葉は、そのときの名詞が何らかの形で限定されていることを意味する。代表的な限定の例を以下に示す。

❶ ［名詞1＋of＋名詞2］の構造では、名詞1が名詞2の修飾を受けている。このような場合、名詞1の前にtheをつける必要がある。
❷ ［名詞＋that＋主語＋動詞］（関係詞節）の構造。
❸ 最上級で修飾する（➔第19章）（例：the best, the simplest）。
❹ firstやsecondなどの序数や、main, principal, only, initialなどの形容詞を修飾する。
❺ 形容詞をたとえいくつも並べても、必ずしも名詞が特定されるわけではない。

	特定する	特定しない
❶	**The life of a peasant** in the Middle Ages was hard. (中世の農民の暮らしは大変だった)	**Life** in the Middle Ages was hard. (中世の暮らしは大変だった)
❶	**The history of English** is fascinating. (英語の歴史は興味深い)	**History** was my favorite subject at school. (歴史は学校で私の一番好きな教科だった)

❷	**The problems that we've been having** with our English pronunciation are very serious.（私たちの英語の発音の問題はとても深刻だ）	**Problems** when learning English are very common.（英語の学習では問題に直面することが多い）
❷	**The wheat used in some types of food** is derived from ….（ある種の食品に使われている小麦は～から得られたものだ）	Studies were carried out on **wheat**.（小麦の研究が行われた）
❷	**The hydrochloric acid employed in our studies** was purchased from ….（我々の研究で使った塩酸は～から購入した）	**Hydrochloric acid** is twelve times more active than sulfuric acid.（塩酸は硫酸の12倍の活性を持つ）
❸	This is **the worst paper** in the collection.（これは論文集の中でも最悪の論文だ）	**Poorly written manuscripts** are very common.（上手に構成されていない原稿を見かけることは多い）
❹	**The main differences** are: X, Y and Z.（主な違いは以下のとおりだ：X, Y, およびZ）	**Differences** in opinions on this subject are very common.（このテーマについては意見の相違がよく見られる）
❷ ❺	**The red wine that we had** last night.（昨夜飲んだ赤ワイン）	I prefer **dark red wine from Chianti** to sparkling white wine from Asti.（私はアスティのスパークリング白ワインよりキャンティの濃い赤ワインが好きだ）
❷ ❺	**The** intelligent female Ph.D. students from non-European countries who have studied English **that have attended** my course tend to get better results than ….（私の授業を受けて英語を学んだ非ヨーロッパ諸国出身の博士課程の知的な女性学生たちは、おおむね～よりも成績が良い）	Intelligent female Ph.D. students from non-European countries who have studied English tend to get better results than ….（英語を学んだ非ヨーロッパ諸国出身の博士課程の知的な女性学生たちは、おおむね～よりも成績が良い）

4.3 定冠詞のその他の用法

次のような場合はtheを使う。

❶ 必ずtheを必要とする単語がある（例：Internet, weather, sun, environment,

dark)。

❷ 抽象的な属性を表現する場合。しかし、定義を表現するときはa/anを使う(例:A computer is a machine that performs calculations.)。

❸ lastやnextを使って特定の期間(1週間、1ヵ月、1年間など)に言及する場合。

	○ 良い例	× 悪い例
❶	We found your address on **the Internet**. (インターネットであなたの住所を見つけました)	We found your address on **Internet**. (同)
❶	Samples were stored in **the dark** at room temperature. (サンプルは室温で暗所に保管した)	Samples were stored in **dark** at room temperature. (同)
❷	**The computer** and **the telephone** have changed the way we live. (コンピュータと電話が私たちの生活を変えた)	**Computer** and **telephone** have changed the way we live. (同)
❸	The conference has been organized for **the last week** in May. (会議は5月の最終週に開催されることになった)	The conference has been organized for **last week** in May. (同)
❸	We will be sending you our manuscript **next week**. (来週、原稿をお送りする予定です) ※特定の期間に言及しない直近の未来を示すときはtheは不要。	We will be sending you our manuscript **the next week**. (その次の週に原稿をお送りする予定です)

第5章 無冠詞

5.1 無冠詞：基本ルール

無冠詞とは冠詞を必要としないことで、以下の名詞を総称的に叙述するときには冠詞をつけない。

❶ 複数形の名詞（例：computers, books）。
❷ 不可算名詞（➔**1.8節**）（例：hardware, information）。
❸ 抽象名詞（単数の可算名詞［➔**1.6節**❹］またはlife, success, performanceなどの不可算名詞。

ただし、以下のような場合は注意が必要。

❹ theの有無で意味が変わる単語がある。
❺ 論文タイトルは最初の冠詞が省略されることがある。どちらの形式も一般的だ。
❻ 図表のキャプションは定冠詞を省略することが多い。

	無冠詞	定冠詞を使う
❶	Oracle do not sell **computers.**（オラクルはコンピュータを販売していない）	**The computers** that we have at our institute are ….（私たちの研究所にあるコンピュータは～）
❷	Oracle sell **software.**（オラクルはソフトウェアを販売している）	**The** most commonly used **software** is ….（最もよく使われているソフトは～）
❷	**Research** is essential if progress is to be made.（進歩するためには研究が不可欠だ）	**The research** that we have conducted so far proves that ….（これまで実施した研究で～が証明された）
❸	There was a significant effect of the road conditions on **speed.**（道路状況が速度に与える影響は大きかった）	**The speed** of the car was optimal.（その車の走行速度は最適であった）

④	I love **nature.** (私は自然が好きだ)	**The nature** of this problem is not clear. (この問題の特性はまだ明らかにされていない)
④	The probe has been launched into **space.** (探査機が宇宙に打ち上げられた)	**The space** between A and B must be wide enough to accommodate C. (AとBの間の空間はCを収容できるほど広くなければならない)
⑤	**Development** and validation of a test to measure competence in English (英語の能力を測定するための試験の開発と検証)	**The development** and validation of a group testing of logical thinking (論理的思考力のグループ試験の開発と検証)
⑥	Figure 1. **Average rainfall** 2010–2020. (図1. 2010年～2020年の平均降水量)	We predicted **the average rainfall** for 2020. (2020年の平均降水量を予測した)

5.2 無冠詞のその他の使用例

❶ from ... to...の慣用表現（例：from top to bottom, from coast to coast)。

❷ 公共の建物や場所の存在目的に言及する場合（例：He is a Ph.D. student. He studies at university.)。例えば、school, university（departmentやinstituteは除く)、college, work（officeは除く), home, church, hospital, prisonなども無冠詞。

❸ 人名も無冠詞。その人名が形容詞的に使われている場合は除く（→ **2.2節**)。

	無冠詞	theを使う
❶	Figure 5: **From left to right**, the Dean, the Dean's husband, and Prof. Donald Duck. (図5：左から、学長、学長の夫、ドナルドダック教授)	In GB they drive **on the left**, in the rest of Europe **on the right.** (イギリスでは車両は左側通行で、他のヨーロッパ諸国では右側通行だ)
❷	Before going **to school** I was educated **at home**. I then **left school** at 18 and then went **to university**. (就学前、私は家庭で教育を受けていた。その後18歳で学校を卒業し、大学に進学した)	The editors also wish to record their thanks to **the School** of Sociology and Social Policy at **the University** of Leeds for its continuing support. (編集者はリーズ大学社会学社会政策学部の継続的な支援にも感謝の意を表したい)

③	**Davidson's article** is important for several reasons.（デビッドソンの論文が重要であるのにはいくつかの理由がある）	This paper deals with **the Davidson method** which computes a few of the extreme eigenvalues of a symmetric matrix and corresponding eigenvectors.（この論文では、対称行列の極端な固有値のいくつかとそれに対応する固有ベクトルを計算するデビッドソン法について述べる）

5.3　国籍名、国名、言語名の冠詞のつけ方

① 一般的に、-hおよび-eseで終わる数えられない国籍名にはtheをつける。例えば、English, French, Chinese, Portugueseなど。その他の国籍名は大部分が可算名詞であり、theをつけてもつけなくてもよい。例えば、Italians, Swedesなど。

② -hまたは-eseで終わる国籍名が他の国籍名と併記されている場合、一貫性を保つためにすべての国籍名の前にtheをつける。

③ ルール①は、これらの単語が名詞ではなく形容詞として使われている場合、例えばpeople, men, womenなどの前に使われている場合、適用されない。

④ 大陸名と国名には冠詞は不要。Europe, Asia, Italy, France, Russiaなど。例外はthe UK, the USA, the Ukraine, the United Arab Emirates, the ex-USSR, the Arctic, the Antarcticなどで、定冠詞が必要。

⑤ 言語名を一般的に語る場合、theはつけない。

	無冠詞	theを使う
①	**Italians** do it better than **Americans.**（イタリア人はアメリカ人よりもそれが上手だ）	**The English** are not as tall as **the Portuguese.**（イギリス人はポルトガル人ほど背が高くない）
②		**The English** are not as tall as **the Portuguese** or **the Italians.**（イギリス人はポルトガル人やイタリア人ほど背が高くない）
① ③	**Chinese people** are not as tall as **Japanese people.**（中国人は日本人ほど背が高くない）	**The Chinese** are famous for their culture.（中国人はその独特の文化で有名だ）

❹	We have offices in **France**, **Spain** and **Italy**.（当社はフランス、スペイン、イタリアにオフィスがある）	We have offices in **the UK** and **the USA**, **France**, **Spain** and **Italy**.（当社はイギリス、アメリカ、フランス、スペイン、イタリアにオフィスがある）
❺	**English** is not an easy language to learn.（英語は簡単に習得できる言語ではない）	**The English** of this paper needs to be revised.（この論文の英語は修正する必要がある）

5.4 無冠詞とthe：科学英語における矛盾した用法

下表の右側の例は、英語の冠詞の使い方のルールから明らかに逸脱しているが、ネイティブスピーカーの書いた研究論文には散見される。

冠詞/無冠詞の通常の使い方	科学英語で許容される使い方
After **the incubation**, all complexes were analyzed on 0.8% agarose gels and electrophoresed in TBE.（インキュベーションの後、すべての複合体を0.8%アガロースゲルで分析し、TBEで電気泳動した）	After **incubation**, the number of bacteria was determined by a direct count.（インキュベーションの後、菌の数を直接数えて求めた）
The inhibition of this enzyme is thought to be responsible for the cytotoxicity of ....（この酵素が阻害されたことが～の細胞毒性に関与していると考えられている）	**Inhibition** of this enzyme by analogous chemical compounds has been found to decrease the proliferation of P. falciparum.（この酵素を類似の化合物で阻害すると、熱帯熱マラリア原虫の増殖が抑制されることがわかった）
At present, **the annotation** of the proteins of A. gambiae is preliminary.（現在のところ、アノフェレス・ガンビエ蚊のタンパク質アノテーションは完成していない）	**Annotation** of the proteins of these new genomes can be transferred to closely related genomes.（これらの新しいゲノムのタンパク質アノテーションを近縁のゲノムに転写することができる）
Title: The effects of salinity on dry matter partitioning and fruit growth in **tomatoes** grown in nutrient film culture（タイトル：栄養フィルム培養で栽培したトマトの乾物分配と果実成長に塩分が及ぼす影響）	Title: Fruit Yield and Quality in **Tomato**（タイトル：トマトの果実の収穫量と品質）

Title: Occurrence of flavonols in **tomatoes** and tomato-based products (タイトル：トマトおよびトマト加工製品に含まれるフラボノールの含有量)	Title: Identification of two genes required in **tomato** (タイトル：トマトに必要な2つの遺伝子の同定)
Those compounds which have been most effective on wheat have invariably been proportionately active on **the tomato**. (小麦に効果的な化合物は、常にトマトにも比例して効果的だった)	In this study, we describe a recessive mutant of **tomato**. (本研究ではトマトの劣性突然変異体について解説する)
Lycopene, found primarily in **tomatoes**, is a member of the carotenoid family. (トマトに多く含まれるリコピンはカロテノイドの一種だ)	

5.5 無冠詞とa/anの比較

❶ 単数可算名詞にはa/anをつける（→**1.6節**）。不可算名詞には冠詞をつけない（→**1.8節**）。

❷ 器具や機器などの名称にはa/anをつける。

❸ アカデミックな職種にa/anをつけると、その仕事に就いている人が他にもいることが示唆される。無冠詞にすると、通常は特定の1人が就く役職であることを意味する。

	a/anを使う	無冠詞
❶	When I was **a student**, I was a member of the students' union. (学生時代、私は学生自治会のメンバーだった)	The referees gave us **feedback** on our manuscript. (査読者から原稿に対するフィードバックを頂いた)
❶	You cannot travel there without **a passport** or without **a visa**. (パスポートやビザなしにそこへ渡航することはできない)	You cannot travel there without providing **information** about the reason for going. (入国理由を申告せずにそこへ渡航することはできない)

❷ **A** Thermoquest Trace GC gas chromatograph with a PTV injector and coupled with **an** ion trap mass spectrometer PolarisQ was used. (イオントラップ質量分析計ポラリスQおよびPTVインジェクターを搭載したサーモクエストトレースGCガスクロマトグラフを使用した)	We used **equipment** located in our laboratory. (我々は研究室にある機器を使用した)
❸ He is **an assistant professor** at the University of Seoul. (彼はソウル大学の助教だ)	He is **Assistant Professor** of Pediatrics at the University of Seoul. (彼はソウル大学小児科の助教だ)
❸ She is **a professor**, not **a senior researcher**. (彼女は主任研究員ではなく教授だ)	She is **Professor of Education** at the University of Atago. (彼女はアタゴ大学教育学部教授だ)

5.6 無冠詞とa/an：科学英語における矛盾した用法

表の右側の例は、英語の冠詞の使い方のルールから明らかに逸脱しているが、ネイティブスピーカーの書いた研究論文には散見される。

通常の用法	科学英語で許容される用法
An analysis of the data showed that .... (データを分析した結果、～であることが判明した)	**Analysis** of the data showed that .... (同)
A further analysis of the data showed that .... (さらにデータを分析した結果、～であることが判明した)	**Further analysis** of the data showed that .... (同)
A statistical analysis of the data showed that .... (統計的に分析した結果、～であることが判明した)	**Statistical analysis** of the data showed that .... (同)
We investigate natural products **of an animal origin**. (我々は動物由来の天然産物を調査している)	They include strains **of animal origin** and strains **of human origin** from HC. (動物由来株とHCから得たヒト由来株がある)

The total amount of protein was determined by spectrophotometry using BSA **as a standard.** (総タンパク質量は、BSAを基準物質として分光光度法により測定した)

The protein content of each well was then determined using the Pierce protein assay, using BSA **as standard.** (各ウェルのタンパク質量は、その後、BSAを基準物質としてピアースタンパク質アッセイにより測定した)

We may assume without **any loss of generality** that the quantity "M(ca)" is computable for any M. (一般性を損なうことなく任意のMに対して量M(ca)が計算可能であると仮定できるかもしれない)

For simplicity, and without **loss of generality**, we will assume that .... (簡素化のために、また一般性を損なうことなく、～であると仮定する)

Without **a loss of generality** we assume that E{|ni|2} = 1. (一般性を損なうことなく、E{|ni|2}=1と仮定する)

This may occur at **an intermediate level.** (これは中級レベルで発生する可能性がある)

This is far more difficult when working **at advanced level.** (高次のレベルで働くとき、これはさらに難しくなる)

第6章

数量詞：any, some, much, many, each, every

6.1 可算名詞と不可算名詞を修飾する数量詞

下の表は非限定的な量を修飾する数量詞のリストだ。研究論文では、可算名詞（→**1.6節**）や不可算名詞（→**1.8節**）とともに使うことが多い。なお、a piece ofという表現は研究論文ではあまり使われない。

数量詞	可算名詞（単数）	可算名詞（複数）	不可算名詞
a / an	**a** book		
a (large / small) amount of		**a large amount of** books	**a small amount of** information
a bit / piece of			**a piece of** information
a few		**a few** books	
a great deal of		**a great deal of** books	**a great deal of** information
a little			**a little** information
a lot of		**a lot of** books	**a lot of** information
a number of		**a number of** books	
a series of		**a series of** books	
all		**all** the books	**all** the information
any	（→**6.2節④**）	**any** books	**any** information
each	**each** book		**each** piece of information
enough		**enough** books	**enough** information
every	**every** book		**every** bit of information
few		**few** books	

little			**little** information
many		**many** books	**many** pieces of information
most		**most** books	**most** (of the) information
much			**much** (of the) information
no	**no** book	**no** books	**no** information
none of		**none of** the books	**none of** the information
one	**one** book		**one** piece of information
several		**several** books	
some		**some** books	**some** information
the	**the** book	**the** books	**the** information

6.2 anyとsomeの使い方

次のルールは、any, someおよびその類語（例：something, anywhere, anyone）に適用される。

❶ 一般的に、anyは否定的な表現に、someは肯定的な表現に使われる。

❷ not…anyで全否定、not…someで部分否定を表す。

❸ anyは疑いが残るとき、つまり実際に起きているかどうかはわからないときに使われる。

❹ 否定語を含まず、ルール❸が適用されない文章でanyを使うと、“どんな人でも”や“どんな物でも”を意味する。someとsomeoneは“いくつか”や“誰か”を意味し、具体的にそれが何であるかや誰であるかは重要ではないときに使う。

❺ anyは答えがわからないときの質問に、someは肯定的な答えを期待しているときの質問（例：申し出や要求）に使われる。

	anyを使う	someを使う
❶	This did not give **any** interesting results.（興味深い結果は得られなかった）	This gave **some** interesting results.（興味深い結果が得られた）

②	We were **not** able to understand **any** of the figures - they were all too complicated and unclear. (我々はどの図も理解することができなかった。すべてがあまりにも複雑で不明瞭だった)	We were **not** able to fulfill **some** of the referees requests, specifically the first and last requests. (我々は査読者の要望のいくつか、特に最初と最後の要望を満たすことができなかった)
③	The table shows significant results, if **any**, of each test. (表に、各試験に少しでも有意な結果があれば、それを示した) ＊一部の試験では、有意な結果が得られていないことがあることを意味する。	The table shows **some** significant results, in fact.... (表は、いくつかの重要な結果を示している。実際、～)
③	If you need **any** clarifications, then do not hesitate to contact me. (もし何か説明が必要であれば、遠慮なく私にご連絡ください) ＊相手が説明を必要かどうかはわからない。	I need **some** clarifications with regard to points 3 and 8. (3番目と8番目について説明してください)
④	**Anyone** can tell you that one plus one equals two. (1+1=2であることは誰にでもわかる)	**Someone** is at the door. (誰かがドアの前にいる)
④	**Any** book on the subject will tell you all you need to know. (このテーマに関する本であれば、必要なことはすべて書いてある)	I read about it in **some** book, but I don't remember which one. (何かの本で読んだことがあるが、どの本かは覚えていない)
⑤	Excuse me, do you have **any** idea where the local mosque is? (失礼ですが、地元のモスクはどこにあるかご存知ですか？)	Would you like **some** wine? (ワインを少しいかがですか？)

6.3 anyとnoの使い方

❶ 研究論文などのフォーマルな状況では、not...anyoneよりもno oneが使われる。
❷ withoutとhardlyは、notではなくanyとともに用いる。

	○ 良い例	× 悪い例
❶	To the best of our knowledge **no one** has found similar results to these. (我々の知る限り、本研究と同様の結果を発見した人はない)	To the best of our knowledge there is**n't anyone** who has found.... (同)
❷	You can do this **without any** problems or at least with **hardly any** problems. (あなたなら問題なく、少なくともほとんど問題なくできます)	You can do this **without no** problems or at least with **hardly no** problems. (同)

6.4 a little, a few, little, fewの使い方

❶ [a little＋不可算名詞]、[a few＋複数名詞] は、限定された少量のものを示す。これらはsomeに置き換えることができる。

❷ [little＋不可算名詞] と [few＋複数名詞] は、極端に少量や、驚くほど少数のものを示す。これらは否定的な意味を持つ。

	a littleかlittleを使う	a fewかfewを使う
❶	We have **a little** time left, so does anyone else have any questions? (まだ少し時間があります。何か質問のある方はいませんか？)	We have **a few** more experiments to do, five or six I think, and then we have finished. (あと数回、多分5~6回だと思いますが、さらに実験を行ってから終了します)
❷	**Little** is known about this very rare disease. (この希少疾患についてはほとんど解明されていない) *ほとんど何もわかっていない。	**Few** researchers have investigated this complex phenomenon. (この複雑な現象について調査した研究者はほとんどいない) *いるにしても2~3人くらい。

6.5 much, many, a lot of, lots ofの使い方

❶ muchは不可算名詞を、manyは複数名詞を修飾する。

❷ lots ofはカジュアルすぎるのでa lot ofのほうがよい。それでもフォーマルさが足りないという理由で敬遠されがちだ。

❸ a lot ofは否定文中ではnot muchやnot manyで置き換えられることが多い。

	○ 良い例	× 悪い（＊）、またはカジュアルすぎる例
❶	There is not **much information** on this topic.（このテーマに関する情報は少ない）	We do not have **many information.*** （同）
❶	We have not made **much progress**.（我々はあまり進歩していない）	We have not made **many progresses.*** （同）
❶	There have been **many advances** in this technology.（この技術は多くの進化を重ねてきた）	
❷	We have **a lot of** data on this issue.（この問題について我々は多くのデータを持っている）	We have **lots of** data on this issue.（同）
❸	There are **not many** accessible papers on this subject.（このテーマでアクセスできる論文は多くはない）	There are **not a lot of** accessible papers on this subject.（同）

6.6 each, every, anyの使い方

❶ eachは別々に意識された個々のものを強調するときに使い、everyはすべての要素を1つのまとまりとして意識し全体を強調するときに使う。

❷ eachだけが前置詞の前に使える。

❸ eachが使えない、everyでなければならない表現がある。

❹ 多くの場合、eachとeveryに大きな違いはない。

❺ anyは一つだけを意味し、それがどの一つであってもよい。everyはすべてを意味する。

	eachやanyを使う	everyを使う
❶	An acronym is a word in which **each letter** stands for another word.（頭字語とは一文字一文字がそれぞれ別の単語を意味する言葉だ）	She is only two years of age and already knows **every letter** in the alphabet.（その女の子はまだ2歳だが、すでにすべてのアルファベットを知っている）
❶	**Each patient** was given a slightly different dosage of the medicine.（患者は一人一人異なる量の薬を投与された）＊同じ投与量の患者はいなかった。	**Every patient** in their hospital has medical insurance.（その病院はどの患者も医療保険に加入している）＊すべての患者という意味。

❶	**Each volume** deals with a different topic. (各巻ごとに異なるテーマを扱っている)	I have read **every book** on the topic. (私はこのテーマに関する本はすべて読んだ)
❶	**Each individual case** will be analysed separately. (各症例を個別に分析する予定だ)	**In every case** death occurred within three months. (あらゆる症例が3ヵ月以内に死に至った) ＊すべての症例という意味。
❶	It is **each applicant's** responsibility to ensure that they provide references. (照会先情報を提出するのは各応募者の責任だ)	What **every applicant** should know about the interview process. (すべての応募者が知っておくべき面接のポイント)
❷	**Each of** them has a different name. (彼らはそれぞれ違う名前を持っている) = All of them have different names.	
❸		Patients will be examined **every** week / **every** three months / **every** third month. (患者は毎週/3ヵ月に1回受診することになるだろう)
❹	**Each time** we do the experiment something goes wrong. (実験をするたびに何かがうまくいかない)	**Every time** we do the experiment something goes wrong. (同)
❺	**Any** element in a set can be used. (セット内のどの要素も使用可能だ) ＊一つならどの要素でもよい。	**Every** element in this set is important. (このセットの中のあらゆる要素が重要だ) ＊すべての要素が重要。

6.7 noとnotの使い方

❶ [no＋名詞] と [not＋a/the＋名詞] は意味が似ている。[not＋名詞] という形は誤りだ。誤りの例：We have **not reason** to suppose that….

❷ [動詞＋no＋名詞] は、[not＋動詞＋any＋名詞] に置き換えられることが多い。

❸ be動詞の後で、[形容詞＋名詞] を否定するときはnoを、名詞を伴わない形容詞を否定するときはnotを使う。

❹ 副詞を否定するときはnotを使う。

❺ no longerは、よりカジュアルにnot…any more/longerと書くことができる。

❻ ［no＋形容詞の比較級］（→**19.1節**）は、比較される2つのものが等しいことを意味し、［not＋形容詞の比較級］は、最初の要素が劣る（例：大きくない、強くない）ことを意味する。

	noを使う	notを使う
❶	There is **no reason** to suppose that this is due to.... (これは～が原因で起きたと考える理由はない)	This is **not a good reason** for.... (これは～の十分な理由ではない)
❶ ❷	We **encountered no problems** with the calculations. (計算上特に問題はなかった)	We did **not encounter any problems**.... (特に問題はなかったが～)
❶ ❸	There are **no unusual species** in this area. (この辺りには珍しい種はいない)	It is **not unusual** to find strange species in this area. (この辺りでは珍しい種が見つかることも珍しくはない)
❶ ❹	It is **no surprise** that the cardiovascular system is the first organ system to reach a functional state in an embryo. (循環器系が胚の中で機能状態に入る最初の器官であることは、驚くには当たらない)	**Not surprisingly**, the cardiovascular system is the first organ system to reach a functional state in an embryo. (同)
❺	This system is **no longer** used. (このシステムは現在では使われていない)	This system is **not** used **any more**. (同)
		This system is **not** used **any longer.** (同)
❻	Verifying X turns out to be **no easier** than verifying Y. (Xの検証はYの検証よりも容易とは言えないことが判明した) ＊XとYは同じ難易度。	X is **not easier** to solve than Y. (XはYより解きやすいとは言えない) ＊高い確率でYはXよりもやさしい。

第7章

関係代名詞：that, which, who, whose

7.1 that, which, who, whoseの基本的な使い方

❶ 先行詞が物のときはthatやwhichを、人のときは基本的にwhoを使う。
❷ 関係代名詞が前置詞の目的語になっている場合、先行詞が物のときはwhichを、先行詞が人のときはwhomを使う。語順に注意。
❸ 名詞を後ろから形容詞節で修飾する場合、主格の関係代名詞（that, which, who）を使う。
❹ whoseはwhoまたはwhichの所有格を表す。

	○ 良い例	× 悪い例
❶	Apple's first CEO was Michael Scott, **who** ran the company from 1977 to 1982.（アップル社の初代CEOはマイケル・スコットで、1977年から1982年まで同社を率いていた）	Apple's first CEO was Michael Scott **that** ran the company from 1977 to 1982.（同）
❷	I have several mobile phones, many **of which** don't work.（携帯電話は何台か持っているが、使えないものが多い）	I have several mobile phones, many of **that** don't work.（同）
❷	This institute employs many people, most **of whom** are technicians.（この研究所には多くの人が働いているが、そのほとんどが技術者だ）	This institute employs many people, most **of who** are technicians.（同）
❸	I met a student **who is** 25 years old. She wrote a document **which/that is** five pages long.（私は25歳の学生に会った。彼女の書いた文書は5ページに及ぶ）	I met a **student 25 years** old. She wrote a **document five** pages long.（同）
❹	Professor Shirov, **whose** seminal paper was published in 1996, is professor of ….（1996年に影響力のある論文を発表したシロフ教授は、現在～の教授だ）	Professor Shirov, **who's** seminal paper was published in 1996, is professor of ….（同）

7.2 thatの使い方：whichやwhoとの違い

❶ thatは、先行詞を他の名詞と区別して修飾するときに使う。これを制限用法（または限定用法）という。しかし、科学技術分野以外の英語では、このルールは無視されることが多い。

❷ whichとwhoは、先行詞に関する補足情報を追加する。このような補足情報はその文に不可欠な情報ではない。削除しても文意は通じる。名詞を区別しているわけではなく、単に詳細情報を追加しているに過ぎない。whoとwhichが使われている従属節は、一般的にはコンマで区切られる。これを非制限用法（または非限定用法）という。

❸ whichとwhoは、文末に追加情報を加えるためにも使われる。これを非制限用法の連結用法（継続用法）という。

	○ 良い例	× 悪い例（*）、または科学英語では不適切
❶	Google has many offices. I work for the office **that** is in London. (Google社にはたくさんのオフィスがある。私はロンドンのオフィスで働いている)	Google has many offices. I work for the office **which** is in London. (同)
❶	I collaborate with the Professor Smith **that** teaches economics, not the Professor Smith **that** teaches sociology. (私は、社会学を教えるスミス教授ではなく経済学を教えるスミス教授と共同研究を行っている)	I collaborate with the Professor Smith **who** teaches economics, not the Professor Smith **who** teaches sociology. (同)
❷	Google, **which** is a huge company, receives thousands of CVs every day. (巨大企業のGoogle社には、毎日何千通もの履歴書が送られてくる)	Google, **that** is a huge company, receives thousands of CVs every day.* (同)
❷	Professor Jones, **who** lectures in political sciences, is 45 years old. (政治学を教えているジョーンズ教授は現在45歳だ)	Professor Jones, **that** lectures in political sciences, is 45 years old.* (同)
❸	Google sells a lot of advertising, **which** is one way the company gets its money. (Google社は多くの広告枠を持っているが、それが同社の資金源の一つとなっている)	Google sells a lot of advertising, **that** is one way the company gets its money.* (同)

❸	I work with Professor Ling, **who** I have known for several years. (私はリン教授と一緒に仕事をしているが、数年来の付き合いだ)	I work with Professor Ling, **that** I have known for several years.* (同)

7.3 that, which, whoの省略

that, which, whoの省略は英文法の中でも非常に混乱しやすい用法であるが、そのルールは明確には定義されていない。唯一確かなルールは、whoseは絶対に省略してはならないということだ。確信が持てないときは、that, which, whoを省略しないのが最もシンプルな解決策だ。

❶ 関係代名詞が主格、すなわち先行詞が制限節の主語の場合、thatを省略することはできない。関係代名詞が目的格の場合、または主格であっても動詞が進行形の場合、thatを省略することができる。
❷ 非制限用法の連結用法（→**7.2節❸**）の導入にwhichやwhoが使われる場合、省略することはできない。
❸ 非制限用法ではwhichやwhoを省略することはできない（→**7.2節❷**）。
❹ ルール❸にはいくつか例外がある。属性、年齢、職位、図表などを受動態で説明する場合、［which＋受動態］や［who＋受動態］を省略することができる。
❺ 定義をするときの［which＋動詞］は省略が可能。
❻ 先行詞と非制限節が相互に交換可能な場合、［関係代名詞＋動詞］は省略できる。
❼ 短いセンテンス中にwhichやwhoが繰り返して使われている場合、whichやwhoを省略できる場合がある。

	関係代名詞を省略できない	関係代名詞を省略できる
❶	The professor **that** wrote the article is giving a presentation. (この記事を書いた教授が発表する予定だ)	The professor **[that]** we met yesterday is giving a presentation. (昨日会った教授が発表する予定だ)
		The professor **[that is]** coming tomorrow won the Nobel Prize. (明日来る予定の教授はノーベル賞を受賞した教授だ)

❷	Professor Shirov is giving a presentation on life on Mars, **which** should be very interesting.（シロフ教授が火星での生命について発表する予定だが、とても興味深い内容だと思われる）	
❷	The presentation on Mars will be given by Professor Shirov, **who** works at IMT.（火星に関する発表はシロフ教授が行う予定だが、教授はIMTで働いている）	
❸ ❹	Professor Shirov, **who** is arriving tomorrow and **whose** book was published last year, is giving a presentation on life on Mars.（明日到着予定で昨年著書を出版したばかりのシロフ教授が、火星での生命について発表を行う予定だ）	The committee includes a professor **[who is]** considered to be one of the foremost experts in the field.（委員会にはこの分野の第一人者の教授も含まれる）
❸ ❹	Mars, **which** is millions of miles from Earth, is also known as the red planet.（火星は地球から数百万マイル離れているが、“赤い惑星”としても知られている）	Shirov's apparatus, **[which is]** shown in Figure 2, is easy to set up.（図2に示したシロフの装置は設置が容易だ）
❹		Professor Shirov, **[who is]** aged 52 / **[who was]** born in 1980, is an expert on Mars.（シロフ教授は52歳／1980年生まれで、火星の専門家だ）
❹		Professor Shirov, **[who is]** a professor of astrophysics at IMT, warned that....（IMTの宇宙物理学教授であるシロフ教授は～と警告を発した）
❺		Gold, **[which is]** a metal commonly used in biochip technologies, was exploited in order to provide an interaction surface.（バイオチップ技術でよく使われる金属である金を利用して、相互作用面を確保した）

❻		The Thames, **[which is]** England's longest river, is located in London.（英国で最も長いテムズ川はロンドンを流れている） = England's longest river, **[which is]** the Thames, is located in London.
❼		Professor Shirov, **who is** an MIT professor **[who was]** awarded the Nobel Prize for physics, warned that....（MITの教授でノーベル物理学賞を受賞したシロフ教授は～と警告を発した）

7.4 動詞-ing形よりも関係詞節を使って曖昧さを回避する

❶ 動詞-ing形は、制限的に使われているのか非制限的に使われているのか曖昧な場合があるので、使い方には注意が必要だ（→ **7.2節❶**）。

❷ 曖昧さの有無にかかわらず、動詞-ing形が前の名詞を修飾するときは、動詞-ing形をthat節に置き換えてもよい。

❸ havingの使い方は数学、物理学、コンピュータサイエンスに限定される傾向がある。基本的にいつでも［that＋have動詞］で代替できる。

	○ 良い例	× 動詞-ing形を使った曖昧な例
❶	Edible **jellyfish, which** belong to the order *Rhizostomeae*, are a popular seafood in Asia.（食用クラゲは根口クラゲ目だが、アジアで人気のシーフードだ） ＊すべての食用クラゲが根口クラゲ目に属している。 **The / Those edible jellyfish that** belong to the order *Rhizostomeae* are a popular seafood in Asia.（根口クラゲ目の食用クラゲは、アジアで人気のシーフードだ） ＊一部の食用クラゲが根口クラゲ目に属している。	Edible **jellyfish belonging** to the order *Rhizostomeae* are a popular seafood in Asia.（同） ＊著者が食用クラゲ全体を指しているのか、それとも一部の食用クラゲを指しているのかが不明確。

❶	Many authors have performed studies **that compare** X and Y. (多くの著者がXとYを比較する研究を行っている) ＊XとYを比較した研究。	Many authors have performed studies **comparing** X and Y. (同) ＊comparingがstudiesを修飾するのかauthorsを修飾するのか曖昧。
	Many authors have performed studies **by comparing** X and Y. (多くの著者がXとYを比較して研究を行った) ＊著者はXとYを比較して研究を達成した。	
❷	These are complexes formed by simple ligands **containing / that contain** a maximum of five coordinating centers. (これらは、最大で5つの配位中心を含む単純なリガンドによって形成される錯体である)	
❸	The null set is the set **having / that has** no elements. (空集合とは要素を持たない集合のことだ)	A person **having** no job is called ‘unemployed’. (仕事を持たない人のことを無職という)
❸	Markov processes **having / that have** a countable state space are known as …. (可算状態空間を持つマルコフ過程は～として知られている)	Those people **having** no house are known as ‘homeless’. (家を持たない人のことをホームレスという)

7.5 whichを使って長い複雑なセンテンスを作らない

❶ センテンスが長いとき、which節を独立させて新しいセンテンスを作ろう。同じキーワードが繰り返されることは気にしなくてよい。

❷ 読者が理解しやすいように、情報の順序を変えてみよう。

	○ 良い例	× 推奨できないwhichの使い方
❶	The CNR is the Italian National Research Council and has many **institutes** where innovative research is carried out. **These institutes** are located in various parts of Italy such as Pisa, Turin and Rome.（CNRはイタリア国立研究会評議会であり、革新的な研究を行う多くの研究所を擁している。研究所は、ピサ、トリノ、ローマなど、イタリア各地にある）	The CNR is the Italian National Research Council and has many institutes where innovative research is carried out and **which** are located in various parts of Italy such as Pisa, Turin and Rome.（同）
❷	The ethyl acetate phase was dried under a gentle stream of nitrogen, **and** was then re-dissolved with 50 mL of the eluent B.（酢酸エチル相を緩やかな窒素気流下で乾燥させた後、溶出液Bを50mL加えて再溶解させた）	The ethyl acetate phase, **which** had been dried under a gentle stream of nitrogen, was re-dissolved with 50 mL of the eluent B.（同）

7.6 whichを使って曖昧なセンテンスを作らない

❶ whichはその前の名詞を指すのが普通だ。曖昧な表現になりそうな場合、whichの使用は避けよう。そのためには、センテンスを分割して主語を繰り返そう。表の悪い例のwhichはTable 2を指しているように見えるが、実際にはa set of common rulesを指している。

❷ which節がすべての要素ではなくその一部を指している場合、whichを削除し、その要素を繰り返す。表の悪い例では、whichはAとB、BとC、あるいはAとBとCを指している可能性がある。

	○ 良い例	× 悪い例
❶	Each language is characterized by a set of common rules, as reported in Table 2. **This set** highlights the structure of that particular language.（各言語は、表2に示したように共通のルールセットによって特徴づけられる。このルールセットが各言語の構造を浮き彫りにしている）	Each language is characterized by a set of common rules as reported in Table 2 **which** highlights the structure of that particular language.（各言語は、表2に示したように共通のルールセットによって特徴づけられ、それが各言語の構造を浮き彫りにしている）

❷	Examples include A, B and C. **A and B** are normally established once a month. （例えば、A、B、Cなどがある。AとBは通常、月に1回行われている）	Examples include A, B and C, **which** are normally established once a month. （例えば、A、B、Cなどがあり、通常、それらは月に1回行われている）

第8章

時制：現在、過去、未来

8.1 現在形と現在進行形の基本ルール

❶ 現在形は、日常的に、何度も繰り返して、あるいは常に起こる行動や状況を示す。確立された科学的事実や知見、定理、補助定理、定義、証明などが含まれる。

❷ 現在進行形は、現在進行中の状況の今後の傾向や、将来高い確率で起こり得る状況を示す。

	現在形	現在進行形
❶❷	It **is** well known that in many universities how much you **write** (i.e. the quantity) **is often considered to** be more important than how well you **write** (i.e. the quality). (多くの大学でどれだけ多く書くか（＝量）がどれだけ上手に書くか（＝質）よりも重要視されることが多いことはよく知られている)	At the moment we **are writing** a paper on…. (現在、我々は～に関する論文を書いている)
❶❷	Some maps of the world's oceans **show** the widths of the continental shelves. (世界の海の地図には、大陸棚の幅を示したものがある)	The patients **are now showing** signs of fatigue. (患者たちは現在、疲労の兆候を示している)
❶❷	Today a wide range of sensor devices **exist** that **alter** their characteristics in response to a stimulus. (今日では、刺激に反応して特性が変化するさまざまなセンサーデバイスが存在する)	Sensor devices **are currently being developed** that will enable researchers to …. (現在、研究者たちが～することを可能にするセンサーデバイスの開発が進められている)
❶❷	A nonempty subset H of a group G **is said** to be a subgroup of G, if under the product in G, H itself **forms** a group. (群Gの非空部分集合Hが、Gと同じ積のもとで群を形成する場合、HはGの部分群であるという)	We **are forming** self-help groups for those with marital problems. (我々は結婚問題を抱える人々のための自助グループを結成している)

❶ ❷	The container **holds** the samples.（容器にサンプルが入っている）	The conference **is being held** in July.（会議は7月に開催される予定だ）

8.2　現在完了の基本ルール

❶ 現在完了の能動態は、特定の分野における新しい発見や進歩を発表するために抄録でよく使われる。特に、抄録の最初のセンテンスや、背景情報が示された直後に限定して使われる傾向がある。技術の革新性やニュース性についてさらに詳しく説明を行う場合、現在形や過去形が使われる。

❷ 査読者にどのような追加や変更を行ったかを伝えるときは現在完了を使う。その変更の詳細や理由を説明するときは、過去形を使う。

❸ 過去のある時点で始まり、現在も継続している行動、出来事、状況は現在完了で表す。現在の研究の基礎となっている背景状況を述べるためによく使われる。

❹ 過去か現在かの言及がない場合、習慣的な状況を示すときは現在形を使う（現在または現在という時間的枠組みの中で起きている行動には現在進行形を使う）。

❺「何かが行われた後」を意味するときのonceとas soon asは現在完了とともに使う。

	現在完了形	その他の時制
❶	We **have developed** a new system for converting wind into energy.（我々は風力をエネルギーに変換する新しいシステムを開発した）	Our system **works** by harvesting wind from ... We **implemented** the system in a wind farm in ....（我々のシステムは～から得た風力を利用して作動する。我々はこのシステムを～にある風力発電所に導入した）
❶	Dementia is an increasingly common problem in advanced societies and is known to cause .... We **have discovered** a treatment for dementia.（認知症は先進社会においてますます一般的になってきている問題であり、～を引き起こすことが知られている。我々は認知症の治療法を発見した）	This treatment **consists** of .... It **was** tested on a sample of 543 patients aged over 80.（この治療法は～で構成されている。80歳以上の患者543人を対象に試験が行われた）
❷	We **have added** a new figure ....（新しい図を追加しました）	The figure **was** added because ....（～だったので図を追加しました）

	Table 3 **has been** deleted.（表3を削除しました）	Table 3 **was** in fact unnecessary. We **decided** to rewrite the conclusions on the basis of Ref 3's comments.（表3は実際には不要でした。査読者#3のコメントをもとに、結論を書き直すことにしました）
	The Conclusions **have been** completely rewritten.（結論を全面的に書き直しました）	
❷	*Ref 3's comment*: I suggest the authors remove Table 2 and combine it with Table 1. *Authors reply*: **Done**. （査読者＃3のコメント：表2を削除して表1と組み合わせることを提案します。 著者からの回答：修正しました）	We **opted** to keep Table 3 because ….（表3を残すことにしました。なぜなら～）
❸❹	The sea level **has changed** throughout the Earth's history and will continue to do so.（海面水位は地球の歴史とともに変化してきた。これからも変化し続けるだろう）	The sea level **changes** every year.（海面水位は毎年変化している）
❸❹	**Over the last 60 years** English **has transformed** itself from a predominantly writer-oriented language to a reader-oriented language.（この60年間で、英語は主に書き手のための言語から読み手のための言語へと変貌を遂げた）	If language **transforms** our thinking, do specific languages **transform** it in different ways?（言語が我々の思考を変容させるというのであれば、各言語はそれぞれ異なる方法で我々の思考を変容させているのだろうか？）
❸❹	**Since** the 1990s / **For the last few decades**, English writers **have published** several thousand books.（1990年代以降/この数十年間、イギリス人の作家による本が数千冊出版された）	English writers **typically publish** their work in English, but more and more **are now publishing** in other languages too.（通常、イギリス人の作家は英語で作品を発表するが、最近では他の言語でも出版する人が増えている）

❸ ❹	**Since 2009** there **have been** many other attempts to establish an international readability index [Wallwork et al, 2009; Smithson 2012], but **until now** no one **has managed** to solve the issue of …. (2009年以降、国際可読性指標を確立しようとした試みは他にもたくさんあったが [Wallwork et al, 2009; Smithson 2012]、今までのところ、～の問題を解決できた人はいない)	Establishing an international readability index **represents** a frequent topic in the literature [Wallwork et al, 2009; Smithson 2012]. The essential problem **is** how to solve the issue of …. (国際可読性指標の確立は文献で頻繁に取り上げられているテーマだ [Wallwork et al, 2009; Smithson 2012]。問題の本質はどのようにして～という課題を解決するかだ)
❺	Once/As soon as the initial tests **have been made**, the research effort will focus on …. (初期テストが終了したら/終了したらすぐに、我々は～に取り組む予定だ)	Generally speaking, once you **start** reading the book, you soon **become** addicted. (一般的に、その本は読み始めたらすぐに病みつきになってしまう)

8.3 現在完了形：使い方の注意点

❶ 現在の状況について、それがどのくらい（何日間、何ヵ月間、何年間など）続いているのかを述べるときは、現在形ではなく現在完了形を使う。例えば、I have been here for a week.は、1週間前に到着し、まだここにいるということを意味する。I am here for a week.は、おそらく今日またはこの数日間に到着し、今後7日間滞在する予定であることを意味する。for, since, fromの違いについては**14.15節**を参照。

❷ 今回初めて（または2回目、3回目など）何かを行ったことを表すとき、（現在形ではなく）現在完了形を使う。

❸ 論文の結論のセクションでは過去形ではなく現在完了形を使って研究成果を要約する。研究が結論に至ったことを強調する書き方と構成が重要だ（典型的な動詞：present, show, describe, explain, outline）。

	○ 良い例	× 悪い例
❶	We **have used** this system **for many years**. (我々は長年このシステムを使っている)	They are **many years** that we **use** this system. (同)
		We use this system **since many years**. (同)

❶	We **have not used** this equipment **for** several months.（我々は数ヵ月間この機器を使っていない）	We **do not use** this equipment from several months.（同）
❶	We **have been** here **since last Monday** / **for nearly a week.**（我々は先週の月曜日から/ほぼ1週間ここにいる）	We **are** here **since last Monday.**（我々は先週の月曜日からここにいる）
❷	**It is the first time** that we **have used** this system.（我々がこのシステムを使うのは初めてだ）	**It is the first time** that we **use** this system.（同）
❷	**This is only the second time** that such a result **has been published** in the literature.（このような結果が論文に発表されるのはまだ2回目だ）	**This is only the second time** that such a result **is published** in the literature.（同）
❸	Conclusions: We **have presented** a new methodology for teaching English. We **have shown** that .... We **have described** three cases where ....（結論：我々は英語教育の新しい方法を提案した。～であることを示し、3つのケースを説明した）	Conclusions: We **presented** a new methodology for teaching English. We **showed** that .... We **described** three cases where ....（同）

8.4 過去形の使い方

❶ 明確に時が示されている場合（例：2011年、先月、3年前など）、過去形を使う。
❷ 明らかに過去の行為について述べる場合、過去形を使う。
❸ 過去に起きた行為を表現する場合、現在形は使わない。曖昧さが出ないように、過去形を使う（最後の例を参照）。

	○ 良い例	× 悪い例
❶	In 2012, Carter **suggested** that complex sentences could also lead to high levels of stress for the reader [25].（2012年、カーターは、複雑な文章は読み手のストレスを高めることにもつながることを示唆した［25］）	In 2012, Carter **has suggested** that complex sentences could also lead to high levels of stress for the reader [25].（同）
❶	Smith first **used** this procedure more than a decade ago [24].（スミスがこの方法を最初に使ったのは10年以上前のことだ［24］）	Smith **has first used** this procedure more than a decade ago [24].（同）

❷	This building technique **was exploited** by the ancient Egyptians for the pyramids. (この建築技術は、古代エジプト人がピラミッド建造に利用したものだ)	This building technique **has been exploited** by the ancient Egyptians for the pyramids. (同)
❸	Galileo Galilei **was** born in Pisa, Italy in 1564. At the age of eleven, Galileo **was** sent off to study in a Jesuit monastery. After four years, Galileo **announced** to his father that he wanted to be a monk. (ガリレオ・ガリレイは1564年、イタリアのピサで生まれた。11歳のとき、イエズス会の修道院に預けられた。4年後、ガリレオは父親に「修道士になりたい」と告げた)	Galileo Galilei **is** born in Pisa, Italy in 1564. At the age of eleven, Galileo **is** sent off to study in a Jesuit monastery. After four years, Galileo **announces** to his father that he **wants** to be a monk. (同)
❸	In 2010 the Social Democrats **challenged** the anti-GMO movement. The fact that this party **was** in favor of genetically modified products **meant** that .... (2010年、社会民主党は反遺伝子組み換え運動に異議を唱えた。この政党が遺伝子組み換え製品に賛成していたということは、～ということを意味していた) *2010年の状況を指していることは明らかだ。遺伝子組み換え作物に対する社会民主党の現在の考え方については言及されていない。	In 2010 the Social Democrats **challenges** the anti-GMO movement. The fact that this party **is** in favor of genetically modified products **means** that .... (2010年、社会民主党は反遺伝子組み換え運動に異議を唱えている。この政党が遺伝子組み換え製品に賛成しているということは、～を意味している) *社会民主党が遺伝子組み換え作物に賛成していたのは2010年だけだったのか、現在も賛成しているのか、読者にはわからない。

8.5 現在形と過去形の使い分け(目的と方法を述べるとき)

❶ 研究の主要なテーマやプロジェクトの目的を概説するとき、論文全体を説明する場合は最初のセンテンスで現在形を使い、何を達成したかを概説する場合は過去形を使う。

❷ プロジェクトの目的を述べる場合、プロジェクトがまだ進行中であれば現在形を、終了していれば過去形を使う。

❸ 他の著者によって確立された手順や方法を記述する場合、すなわちその手順に関連する全般的な原則を述べる場合は現在形を使う。

❹ 自分が採用した方法論、プロセス、手順について、それらがどのように機能する

かを全般的に説明する場合、現在形を使う。

⑤ 実験の目的、使用した機器、他の方法をどのように採用したか、どのような手順を踏んだかなどを述べる場合、過去形を使う。

	現在形	過去形
①	This paper **outlines** a methodology for establishing the amount of verbosity in a nation's language. (本論文では、各国の言語の冗長さを定量化するための方法論を概説する)	To establish our verbosity index, we **analysed** five languages. We **classified** these languages in terms of x, y, z. On the basis of these results, we then **calculated** the number of .... (冗長性指標を確立するために、5つの言語を分析した。これらの言語をx、y、zの観点から分類した。その結果に基づいて～の数を計算した)
②	The aim of this research **is** to .... (本研究の目的は～することだ)	The aim of the project **was** to .... (本プロジェクトの目的は～することだった)
③	A cloze procedure is a technique in which words **are deleted** from a text according to a word-count formula. The passage **is presented** to students, who then .... (クローズ法とは、単語数計算式に従って文章から単語を削除していく手法だ。生徒に文章を示し、生徒は～)	
④ ⑤	In our procedure the students **are first split** into groups by age and level. This grouping **enables** the teacher to .... (我々の手順では、生徒をまず年齢とレベル別にグループに分ける。グループ分けを行うことで、教師は～することができる)	The aim of our procedure **was** to find a way for teachers to place students into groups. We **used** GroupSoft (GS Inc, USA) which automatically places students into groups. We **adapted** the software by adding an additional step in which students are preliminary grouped by age. (採用した手順の目的は、教師が生徒をグループに分ける方法を見つけることだった。我々は生徒を自動的にグループに分けるソフトウェアGroupSoft (GS Inc, 米国) を使った。そして、生徒をまず年齢別のグループに分けるステップを新たに追加してこのソフトを調整した)

❹ ❺	Our methodology **consists** of the following steps: First, we **gather** the data. Second, we **sort** the data by …. (我々の方法は次のステップで構成されている。まず、データを収集する。次に、データを～で分類し～)	In the second experiment we **proceeded** as follows: First, we **gathered** the data. Second, we **sorted** the data by …. (2回目の実験は次のように進めた。まず、データを収集した。次に、データを～で分類した)

8.6 現在形、現在完了形、過去形の使い分け（文献に言及するとき）

❶ 括弧内ではなく本文中で文献に日時とともに言及する場合、過去形を使う。

❷ 過去から現在にかけての背景情報に言及する場合、現在完了形を使う。現在形も可能だが、あまり一般的ではない。

❸ 方法、技術、手順などが動詞の主語で時間的な言及がない場合、現在完了形を使う。著者が動詞の主語の場合は過去形を使う。この場合、時間的な言及はあってもなくてもよい。

❹ 他の著者が示唆、提案、主張、暗示、仮定、提唱したことを報告する場合、過去形（まれに現在形）を使う。現在形を使う場合、具体的な時間への言及はしない。

	○ 良い例	○ 可能な例
❶	In 2007, Carter **suggested** that women are superior to men [25]. (2007年、カーターは女性が男性より優れていることを示唆した［25］)	
❷	Many authors [3, 6, 8, 12] **have claimed** that there is life on Mars. (多くの著者［3, 6, 8, 12］が、火星には生命が存在すると主張している)	Many authors [3, 6, 8, 12] **claim** that there is life on Mars. (同)
❸	This method **has been used** to investigate both problems [24]. (この方法は、両方の問題を調査するために使用されている［24］)	Smith **used** this method to investigate both problems [24]. (スミスはこの方法を用いて両方の問題を調査した［24］)
❸	This procedure **has been exploited** by many authors in order to conduct very diverse investigations. (非常に多様な調査を行うために、この手順が多くの著者によって利用されてきた)	Smith first **used** this procedure in 1996 [24]. (1996年にスミスがこの手順を初めて使った［24］)

❸	In support of such treatment, Griggs **has made** the surprising discovery that ….（グリッグスはこの治療を支持する～という驚くべき発見をした）	**Recently**, Griggs **made** the surprising discovery that ….（最近、グリッグスは～という驚くべき発見をした）
❹	For instance in [5] the authors **suggested** that a new strategy could be introduced to ….（例えば［5］で著者らは、～するために新しい戦略を導入することができることを示唆した）	For instance in [5] the authors **suggest** that a new strategy could be introduced to ….（例えば、［5］で著者らは、～するために新しい戦略を導入することができることを示唆している）

8.7 現在形と過去形の使い分け（結果と考察を述べるとき）

❶ 自分の発見の報告に現在形を使うのであれば、それが自分の発見について説明しているのであって、既報の発見についてではないことが、一読して理解できる構造でなければならない。このルールは極めて重要であり、決して無視してはならない。受動態の使用による混乱の可能性については、**10.4節❷**を参照。

❷ 図や表が何を表し、強調し、説明し、報告しているかなどを述べる場合、現在形を使う。

❸ データおよび結果について考察し、発見の意義を述べる場合、現在形を使う。show, explain, highlight, believe, mean, indicate, revealなどの動詞の後に多く見られる。

❹ show, highlight, revealなどの結果を導入する動詞は、現在形でも過去形でも可能だが、自分が発見したこと、気づいたことなどを説明するときは過去形を使う。

	現在形	過去形
❶	We found that green and red **produces** white. This only **seems** to happen when the ratio of green to red **is** 6:1. But when the ratio **is** 4:1, this **produces** yellow. (我々は緑と赤で白が生成されることを発見した。これは、緑と赤の比が6：1のときだけに起こるようだ。比が4：1の場合、黄色が生成される) ＊読者は、seems to happen と produces という表現から、他の研究者の発見に言及しているとわかるだろう。	We found that green and red **produced** white. This only **seemed** to happen when the ratio of green to red **was** 6:1. But when the ratio **was** 4:1, yellow **was** produced. (我々は緑と赤で白が生成されることを発見した。これは、緑と赤の比が6：1のときだけ起こるようだった。比が4：1の場合、黄色が生成された) ＊読者には、あなたの発見についての説明であることが明らかだ。
❷	The results are given in Table 4, which **shows** that .... In addition, Figure 1 **highlights** that X equals Y. (表4に～という結果を示した。さらに、図1ではXがYに等しいことを強調している)	
❸	We **believe** that this **means** that our method outperforms all previous methods. (この結果は我々の方法が従来のどの方法よりも優れていることを意味する、と我々は考えている)	
❹	These results **highlight** / **highlighted** the importance of carrying out tests in triplicate. (これらの結果は、試験を3回実施することの重要性を強調している／強調した)	We **found** that best results were achieved by carrying out tests in triplicate. (我々は、試験を3回実施することで最良の結果が得られることを発見した)

8.8 現在完了形と現在完了進行形の使い分け

❶ ある状況が何年も前から続いている場合、現在完了進行形よりも現在完了形が好ましい。つい最近の状況にはどちらの時制も使えるが、現在完了進行形は状況が一時的である可能性を示唆する。

❷ 完了した動作や起きた回数についての説明、または量を具体的に示す場合、現在完了進行形を使ってはならない（ただし、年、日、時間、分などは例外）。

	現在完了形	現在完了進行形
❶	For **thousands of years** man **has tried** to give a meaning to life. (何千年もの間、人間は人生に意味を与えようとしてきた)	For **several years** researchers in this field **have been trying** to understand the .... (この分野の研究者たちは何年も前から～を理解しようと試みてきた)
❷	We **have** already **written three papers** on this topic. (我々はこのテーマですでに3本の論文を書いた)	We **have been investigating** this problem for **three years**. (我々は3年間この問題を調査してきた)

8.9 過去進行形、過去形、過去完了形の使い分け

❶ 過去進行形は、長く継続していた動作が短い動作によって中断されたときに使う。

❷ 同時進行していた2つの長い動作は過去進行形を使って表し、連続して起きた2つの動作は過去形を使って表す。

❸ 過去完了形は、ある出来事がその後に起きた出来事よりも早く起きていたことを強調する。過去形は、時間差を強調せずに一連の出来事として表すときに使う。

	過去進行形、過去完了形	過去形
❶ ❷	We encountered a problem while we **were loading** the software. (ソフトの読み込み中に不具合が発生した)	We **downloaded** the software and **installed** it. (ソフトウェアをダウンロードし、インストールした)
❷	While I **was studying** I **was also working** full time. (私は学びながらフルタイムで仕事もしていた)	I **studied** at Ulaanbaatar State University. I then **worked** for Mongolian Railways. (私はウランバートル国立大学で学び、その後、モンゴル鉄道で働いた)
❸	Two dogs that **had died** for reasons unrelated to this study were used to characterize the approach. (本研究とは関係のない理由で死んだ2匹の犬が、アプローチの特性を明確にするため使われた)	Unfortunately, one of the cats **died** during the experiments. (残念ながら、1匹の猫が実験中に死んだ)

8.10 willの使い方

英語には未来を表現する方法がたくさんある。しかし、研究論文では通常willと現在進行形（→8.1節）しか使われない。

❶ willは予測をするときに使う。
❷ willは特定の状況に対する仮説を表現するときに使う。一方、現在形は普遍的な状況に対する周知の事実を表現するときに使う。
❸ 結論のセクションでは、今後の研究の概要を説明するためにwillを使う。
❹ willを、まだ解説していないセクションに言及するときに使うことができる。
❺ 論文の構成について概説するときは、ルール❹に反して現在形が好まれる。

	willを使う	現在形を使う
❶	We **predict** that demand **will outweigh** supply, and thus house prices **will rise.** (我々は需要が供給を上回り、住宅価格が上昇すると予測している)	
❷	Note that if the water in the container **reaches** a temperature of 100°C it **will** boil and this **will cause** damage to the samples. (容器内の水が100℃に達すると沸騰し、サンプルにダメージを与えるので注意すること)	It is well known that **if / when** water **reaches** a temperature of 100°C it **boils.** (水は100℃になると沸騰することはよく知られている)
❸	Future work **will involve** investigating the reasons for these discrepancies. (今後の課題は、このような相違が生じる理由を調査することだ)	
❹	We **will see** how relevant this is in the next subsection. We **will** now **explain** how x = y. (これが他とどの程度関連しているかを次のセクションで見ていく。ここでは、x=yの仕組みについて説明する)	

❺ This paper **is organised** as follows. Section 1 **gives** a brief overview of the literature. A history of the English language **is presented** in Section 2.（本論文は以下のように構成されている。第1節では文献の概要を簡単に説明する。第2節では英語の歴史を紹介する）

❺ This feature **is covered** more in depth in the appendix.（この特徴は付録でさらに詳しく説明している）

第9章

コンディショナル（条件文）

9.1 ゼロコンディショナルとファーストコンディショナル（直説法）

❶ ゼロコンディショナル（Zero Conditional）は［if節（現在形）＋主語＋現在形］の構造を持つ条件文で、普遍的な真実や、論理的結論、科学的事実を表す。

❷ ファーストコンディショナル（First Conditional）は［if節（現在形）＋主語＋will～］の構造を持つ条件文で、普遍的な真実ではなく、将来的に起こり得る可能性の高い状況を表す。

❸ ゼロコンディショナルとファーストコンディショナルが論理的結論を表すために使われることがある。しかし、プロセスにさまざまな段階があり、著者がそのプロセスの最後すなわち将来に焦点を当てている場合、willが好まれることがある。

❹ 通常、if節には現在形が使われるが、現在完了形が代わりに使われることがある。このような場合、主節には現在形が使われることもwillが使われることもある。

注意：ifは起きるか起きないか確かでない事象の発生を意味し、whenは起きる可能性の高い事象を表す。例1：If the alarm goes off, call the police.（警報が鳴ったら、警察を呼んでください）この場合、警報が鳴るかどうか確かではない。例2：I get up in the morning when the alarm goes off.（私は目覚ましの音で朝起きる）この場合、目覚ましが毎朝鳴っていることを意味している。

	ゼロコンディショナル	ファーストコンディショナル
❶ ❷	Papers **tend** to be rejected if the English **is** poor.（英語の質が低ければ論文は却下される傾向にある）	If we **do not receive** the revised manuscript by the end of this month, we **will be forced** to with-draw your contribution from the special issue.（今月末までに修正原稿が届かない場合、特別号からあなたの投稿を取り下げざるを得なくなります）

1 2 3 4 5 6 7 8 9 10 11 12 13 14 15 16 17 18 19 20 21 22 23 24 25 26 27 28

❶ ❷	If all humans **are** prone to corruption, then politicians **are** more prone than others.（もしすべての人間が腐敗しやすいとすれば、政治家は他の人よりもその傾向が強いと言える）	If it **is** true, as many authors contend, that Chinese is set to replace English as the international language, then this **will have** profound effects on ….（多くの著者が主張するように、中国語が英語に代わって国際語となることがあれば、これは～に大きな影響を与えるだろう）
❶ ❷	If you **wish** to advance your academic career you **have** to publish your research in high impact journals.（研究者としてのキャリアアップを望むなら、高い影響力を持つ学術誌に研究を発表しなければならない）	If the illness **is** in an advanced stage, then treatment **will have** little effect.（病気が進行している場合、治療効果はほとんど期待できないだろう）
❸	This leads to the result that if (1) **is** false then (2) **is** also false.（このことから、(1)が偽であれば(2)も偽であるという結果が導かれる）	The second property guarantees that if H **is** true initially, then it **will remain** true while P is being executed.（第二の特性は、Hが初期状態で真であればHはPが実行されている間も真であることを保証する）
❹	If this period **has elapsed / elapses** before x reaches y, then the system **fails.**（もしxがyに到達する前にこの期間が経過すれば、システムは失敗する）	If this period **has elapsed / elapses** before x reaches y, then the system **will fail.**（もしxがyに到達する前にこの期間が経過すれば、システムは失敗するだろう）

9.2 セカンドコンディショナル（仮定法過去）

❶ セカンドコンディショナル［if節（過去形）＋主語＋would節］は、現実には起こり得ない状況や出来事が起きた場合の仮定的な状況を表す。

❷ セカンドコンディショナルのif節は［was/were＋主語＋to不定詞］と書き換えることができる。これは非常にフォーマルな文体であり、実際には使う必要はない。

	○ 良い例	× 悪い例
❶	If the government **raised** taxes further, this **would have** serious consequences. (もし政府がさらに増税をしていたら、深刻な結果を招いていただろう)	If the government **would raise** taxes further, this **would have** serious consequences. (同)
❶	**Would** the world **be** different if it **were ruled** by women? (もし女性が世界を支配していたら、世界は今とは変わっているだろうか？)	**Would** the world **be** different if it **would be ruled** by women? (同)
❷	**Were citizens to pay** their taxes …. (もし市民が税金を払ったら～)	
❷	**Were women to rule** the world …. (もし女性が世界を支配したら～)	

9.3 その他のwouldの使い方

❶ wouldは状況をより仮定的にするときに使われる。通常、appear, seem, suggestなどの動詞とともに使われることが多い。

❷ 過去に起きた状況がその後どのように進展するかを表すためにwouldを使うことがある。このような場合、過去形も使えるがwillは使えない。

❸ 誰かが言ったことを間接話法で報告するとき、[would＋原形動詞]（注：[would have＋過去分詞] ではない）が使われる。

❹ 過去に繰り返された習慣的行動を報告するためにwouldが使われることがある。このような状況で過去形を使うと、その行動が繰り返されたのではなく、一度しか行われなかったことが示唆される。

	○ 良い例	× 悪い例
❶	An intriguing hypothesis concerns the development of bilingualism. **It would seem** that this can be favored when …. This **would suggest** that …. (バイリンガリズムの発達に関する興味深い仮説がある。その仮説によれば、ある条件下ではバイリンガリズムが促進されるようだ。そこから～ということが示唆される)	

❷	This is highlighted by Maria Kazlovic. A mentally troubled woman – she **would** commit suicide two years later – she claimed that .... (これはマリア・カズロヴィッチが主張したことだ。彼女は精神的な問題を抱えた女性で、2年後に自殺することになるのだが、～であると主張した)	This is highlighted by Maria Kazlovic. A mentally troubled woman – she **will** commit suicide two years later – she claimed that .... (同)
❷	His description of this species, which he **would** revise completely in the third and final edition of his book, focused exclusively on .... (彼が自身の第三版であり最終版となった著書で大幅に修正することになるこの種に関する彼の記述は、もっぱら～に焦点を当てていた)	His description of this species, which he **will** revise completely in the third and final edition of his book, focused exclusively on .... (同)
❸	The experimenter then told the students that she **would return** later to explain how each problem was solved. (それから実験者は、それぞれの問題がどのように解決されたかを説明するために後で戻ってくる、と学生たちに伝えた)	The experimenter then told the students that she **would have returned** later to explain how each problem was solved. (同)
❸	In the next session, as soon as he sat down, he said that he **would be** unable to concentrate on whatever I might have to say, because he had just seen a ghost. (彼は次のセッションで腰をおろすやいなや、今幽霊を見たばかりなので話に集中できないかもしれない、と言った)	In the next session, as soon as he sat down, he said that he **would have been** unable to concentrate on whatever I might have to say, because he had just seen a ghost. (同)
❹	In the first session he **showed** no strange behaviors. However at the beginning of each subsequent session he **would stare** at the wall for five minutes, then he **would turn** his head towards me and start speaking at great speed. (彼は最初のセッションでこそ奇妙な行動は見せなかったものの、その後のセッションでは毎回、冒頭で壁を5分間見つめた後に私のほうに顔を向け、ものすごいスピードで話し始めた)	In the first session he **would show** no strange behaviors. However at the beginning of each subsequent session he would stare at the wall for five minutes, then he **turned** his head towards me and start speaking at great speed. (同)

9.4 現在形とwouldの使い方

❶ 仮説を発表するとき、つまり自分（または他の著者）が将来の状況や結果について予測を述べるときは、wouldではなく現在形を使う。assume, assumption, hypothesize, hypothesis, suggest, argue, according toなどの単語や語句を使って、自分の主張が暫定的な提案に過ぎず、必ずしも事実ではないことを読者に示そう。

❷ wouldは、ifを使った（または少なくとも暗黙の了解の中でifが存在する）条件文で最も一般的に使われる（→9.2節）。

❶ 現在形を使う	❷ wouldを使う
Aardvark's hypothesis suggests that the onset of the disease **is associated** with a sudden increase in blood pressure.（アードバークの仮説は、この病気の発症が血圧の急激な上昇と関連していることを示唆している）	Batteaux suggests that the onset of the disease **would only be associated** with a sudden increase in blood pressure if the patient **were** over the age of 50, whereas Aardvark had only hypothesized such an event for younger patients.（バトウは、この病気の発症が血圧の急激な上昇と関連するのは患者が50歳以上の場合だけであると示唆している。一方アードバークは、若い患者に対してのみこの仮定を立てていた）
According to these authors, mating early in the morning **is** quite advantageous for small insects, as cool temperatures and a high relative humidity **reduce** the risk of desiccation.（著者らによると、早朝の交尾は、気温が低く相対湿度が高いので脱水のリスクが低くなり、小さな昆虫にとってかなり利点が多いという）	Although we have no data that provides concrete evidence of this, we believe that mating early in the morning **would be** quite advantageous for large insects, as cool temperatures ....（このことを具体的に示すエビデンスはないが、早朝の交尾は大型の昆虫にとってはかなり利点が多いと思われる。というのも、気温が低いと～）
Bakali argues that global warming **is causing** an increase in the possibility for a war to gain access to water.（バカリは、地球温暖化によって水資源の権利をめぐる戦争が起きる可能性が高まっていると主張している）	Bakali also argues that the consequences of such a war **would be** catastrophic. In fact **if wars were started** in order to capture water supplies, the West **would certainly be forced** to intervene and this **would lead** to ....（またバカリは、そのような戦争が起きれば壊滅的な結果を招くかもしれないと主張している。実際、もし水資源を獲得するための戦争が起きれば、欧米は必ず介入せざるを得ず、その結果～となるだろう）

9.5 サードコンディショナル（仮定法過去完了）

❶ サードコンディショナル［if節（過去完了形）＋主語＋would have＋過去分詞］は、もし何かが起きていたら（または起きなかったら）、その結果どうなっていたかを表すときに使う。

❷［would have＋過去分詞］の構文は、if節が暗黙的に存在するときでも使われる。

❸［would have＋過去分詞］の構文は、第三者の発言を報告するときには使われない。ただし、もともとその人の発言がサードコンディショナルの文の場合は除く。

❹ サードコンディショナルのif節を［had＋主語＋過去分詞］と書き換えることができる。しかしこれは非常に形式的な構文であり、実際には使う必要はない。

	○ 良い例	× 悪い例
❶	This mistake **would not have been made** if the authors **had been** more careful.（著者たちがもっと慎重であったら、このような間違いは起きていなかっただろう）	This mistake would not have been made if the authors **would have been** more careful.（同）
❶	What **would have happened** if the central bank **had not intervened**?（もし中央銀行が介入しなかったらどうなっていただろうか？）	What would have happened if the central bank **would not have intervened**?（同）
❷	This work **would not have been** possible **without** the help of the following people:（この仕事は以下の方々の協力がなければ実現していませんでした） ＊...if the following people had not helped meの意味。	This work **was** not possible **without** the help of the following people:（同）
❸	One juror said that she **would have done** exactly what the defendants had done if she **had been** in their position.（ある陪審員は、自分が被告人の立場だったら、被告人とまったく同じことをしていただろうと言った） ＊陪審員の元の言葉は次のとおりである。I would have done exactly what the defendants did if I had been in their position.	One migrant said that he **would have only liked** to live in a country where everyone followed regulations and valued fairness.（ある移住者は、誰もが規則を守り公平さを重んじる国で暮らしたいだけだ、と言った） ＊移住者の元の言葉は次のとおりである。I would only like to live in a country where everyone follows regulations and values fairness. したがって、上記の表現は正しくは、...he would only like to liveだ。

❹ **Had the physician known** the true nature of the patient's condition, she would have never prescribed such a high dose.
（もし医師が患者の病状の真実を知っていたら、そのような高用量の薬は処方していなかっただろう）
＊If the physician had known ....の意味。

第10章 能動態と受動態

能動態から受動態への変換方法

能動態：They **built** a new road.
受動態：A new road **was built**.

＊この例では、過去形を［be動詞の過去形＋過去分詞］に変換。

能動態：They **are building** a new road.
受動態：A new road **is being built**.

＊この例では、現在進行形を［be動詞の現在進行形＋過去分詞］に変換。

文章作法に関する書籍の多くが、受動態よりも能動態を使うことを勧めている。文法や文体を自動的にチェックするソフトウェアは、文章中の受動態が使われている箇所を指摘して、代わりに能動態を使うよう推奨する。

しかし、研究論文では受動態を使ったほうが良い場合が多い（→**10.1節、10.2節**）。

10.1 受動態の主な使い方

一般的に受動態は、以下のすべての状況で能動態よりも優先して使われる。口頭発表やインフォーマルな場面では、能動態が優先されることがある。

❶ プロセスを説明する場合。論文の方法のセクションで多く見られる。重要なことは、誰または何による行為かではなく、センテンスの主語を何にするかだ。行為の動作主を明確に示したい場合にのみ、例えばweを使う。
❷ 文献や世間一般で起きていることに全般的な言及をする場合。
❸ 行動の起源、すなわち最初に誰によって行われたのか特定する必要がない、または困難、あるいは不可能な場合。
❹ 一般的に真実であると信じられていることを報告する場合。
❺ 正式な決定事項の報告を行う場合。

	受動態を使う	能動態を使う
❶	The rust **was removed** by acid-treatment.（錆を酸処理で除去した）	We **removed** the rust by acid-treatment.（我々は酸処理で錆を除去した）
❶	An aerosol solution **was added** to make the flame front visible.（火炎面が見えるようにエアロゾル液を加えた）	We **added** an aerosol solution to make the flame front visible.（我々は火炎面が見えるようにエアロゾル液を加えた）
❷	Several attempts **have been made** to explain this phenomenon [17, 24, 33].（この現象を説明するために、いくつかの試みが行われた［17, 24, 33］）	Several researchers **have attempted** to explain this phenomenon [17, 24, 33].（何人かの研究者たちがこの現象を説明しようと試みた［17, 24, 33］）
❷	Much progress **is being made** in the field of telecommunications.（通信技術の分野で多くの発展が見られる）	They **are making** much progress in the field of telecommunications.（彼らは通信技術の分野で多くの進歩を遂げている）
❸	The surface of the steel piping **was fractured**.（鋼管の表面が破損していた）	Something **had caused** the steel piping to **fracture**.（何かが鋼管の破損を引き起こした）
❸	A large sum of money **was recently donated** to the hospital.（最近、多額の寄付金が病院に贈られた）	Someone recently **donated** a large sum of money to the hospital.（誰かが最近、病院に多額の寄付をした）
❹	This drug **is known** to have serious side effects.（この薬には重篤な副作用があることが知られている）	Serious side effects **typically arise** from the use of this drug.（通常、この薬を使用すると重篤な副作用が生じる）
❺	The law **is expected to be passed** next year.（この法律は来年には成立する見込みだ）	It is likely that the government **will pass** this law next year.（政府が来年この法律を成立させる可能性は高い）

10.2　能動態よりも受動態が好ましいとき

次のような問題があるときは受動態を使うことを検討しよう。

❶ weとusを多用しているとき（➜**15.8節**）。しかし、可能であれば能動態を使う。
❷ 非人称のoneを使っている場合。oneの使用はかなり古いイメージを与える。
❸ 動詞の名詞形が多用されている場合。

1 2 3 4 5 6 7 8 9 10 11 12 13 14 15 16 17 18 19 20 21 22 23 24 25 26 27 28

❹ install, upload, downloadなどの動詞は受動態で使われることが多い。

	受動態を使う	❶～❸ 許容される例 ❹ 誤った例
❶	An example of this effect **is shown** in Figure 4.（この効果の一例を図4に示す）= Figure 4 shows an example of this effect.	We **show** an example of this effect in Figure 4.（同）
❶	The example **can be strengthened** by means of the circuit in Fig. 3b.（図3bに回路図を入れると例の説得力が増す）	Let us **strengthen** the example by means of the circuit in Fig. 3b.（図3bに回路図を入れて例の説得力を高める）
❷	On the other hand the other case of a branch **is only obtained** at the TTC input.（一方、もう一つの分岐はTTC入力においてのみ得られる）	On the other hand **one obtains** the other meaning of a branch only at the TTC input.（一方、分岐のもう一つの意味はTTC入力においてのみ得られる）
❸	Costs **can be further reduced** since the components **can be placed** in arbitrary positions in the memory space.（メモリ空間内の任意の位置にコンポーネントを配置できるため、コストをさらに削減できる）	Further **reductions** in costs follow from the **possibility to place** the components in arbitrary positions of the memory space.（メモリ空間の任意の位置にコンポーネントを配置できることが、さらなるコスト削減につながる）
❹	The system **is installed** automatically.（システムは自動でインストールされる）	The system **installs** automatically.（同）
❹	Files **are downloaded** directly from source.（ファイルはソースから直接ダウンロードする）	Files **download** directly from source.（同）

10.3 受動態よりも能動態が好ましいとき

❶ 能動態は、行為の動作主（著者/研究者など）が誰であるかを読者に正確に伝えるのに役立つ。ジャーナル側がweの使用を認めていれば、行為の動作主があなたか他の著者かの混乱を避けるためにweを使おう（➔**10.4節**）。

❷ 能動態の主語は必ずしも人である必要はない。また、能動態を使うことで動詞を主語の近くに置くことができるのであれば、能動態を使おう。

❸ 受動態の構文は、特にaimやfocusなどの動詞とともに用いると、ぎこちない、ときには誤った印象を与えることがある。

	○ 良い例	× 推奨できない例
❶	We **compared** our results with those of Alvarez. (我々は得られた結果をアルバレスの結果と比較した)	The results **were compared** with those of Alvarez. (得られた結果をアルバレスの結果と比較した) ＊曖昧さが残るかもしれないが、文脈から誰が何をしたのかが明確であれば問題はない。
❷	The following section **outlines** the state of the art in cybertronics. (次のセクションでは最新のサイバトロニクス技術について概説する)	In the following section the state of the art in cybertronics **is outlined.** (同)
❷	Figure 1 **shows** the relevant trends. (図1は関連する傾向を示している)	The relevant trends **are shown** in Figure 1. (同)
❷	The system **supports**: x, y and z. (そのシステムはx、y、およびzをサポートしている)	The following features **are supported** by the system: x, y and z. (同)
❸	The main **aim** of this project **is** to develop an alternative to the Internet. (このプロジェクトの主目的は、インターネットに代わるものを開発することだ)	This project **is mainly aimed** at developing an alternative to the Internet. (同)
❸	This paper **focuses** on the best way to control the activities of potentially rogue traders. (この論文は、潜在的に反社会的なトレーダーの活動を制御する最良の方法に焦点を当てている)	This paper **is focused** on the best way to control the activities of potentially rogue traders. (同)

10.4 受動態の曖昧さ

ジャーナルによっては人称代名詞のweの使用が禁じられている。[we＋did＋目的語]（能動態）と書く代わりに、[目的語＋was＋done]（受動態）と書かなければならない。残念ながら、受動態ではその行為の動作主が誰であるかが確実に読者に伝わるわけではない。

❶ 文献の中で広く共有されている知識に言及するために受動態を使うとき、それが一般的な知識であることを示す単語や表現を使えば、読者の理解の助けとなる。

文献について説明するとき、自分の研究と文献中の研究の両方に受動態を使うと、読者には両者の区別がつきにくくなる。このような混乱を避けるために工夫が必要だ。

❷ 著者名は本文中で能動態を使って述べよう。著者名を書かずに参考文献だけ示すと、読者がその文献があなたのものか他の著者のものかを参考文献一覧で確認しなければならない。

❸ weの使用を好ましく思っていないジャーナルも、ourの使用には問題ないようだ。したがって、誤解を避けるためには、our results show, in our work, in our study といった表現を使うのがよいだろう。文献中の研究と自分の研究への言及が頻繁に切り替わる中で、このような表現を使うことは非常に重要だ。

❹ in a previous workのような表現を使うときは注意が必要だ。他の研究者の成果なのか自分が過去に行った研究なのかを明確にしなければならない。

	○ 良い例	× 曖昧さが残る例
❶	Children are conditioned by their parents [1, 7, 9]. Thus **it is generally assumed** that children in orphanages will …. (子どもは親の影響を受ける [1, 7, 9]。したがって、孤児院にいる子どもたちは～であると一般的に考えられている) ＊これは文献上での一般的な仮定であり、この論文の著者本人が行ったことではないことをgenerallyで示している。	Children are conditioned by their parents [1, 7, 9]. Thus **it is assumed** that children in orphanages will …. (子どもは親の影響を受ける [1, 7, 9]。したがって、孤児院にいる子どもたちは～であると考えられている) ＊誰がそのように考えているのかを理解することは不可能。
❶	Children are conditioned by their parents [1, 7, 9]. **It is well known that** children who have been abandoned by their parents will …. (子どもは親の影響を受ける [1, 7, 9]。親に見捨てられた子どもが～するということはよく知られている) ＊it is well knownという表現が、これが著者の考えではないことを明確にしている。	
❷	**Peters found** that children perform such tasks better than adults [34]. (ピーターズは、子どもはこのような作業を大人よりも上手く行うことを発見した [34])	**It was found** that children perform such tasks better than adults [34]. (子どもはこのような作業を大人よりも上手く行うことがわかった [34])

❸	These features are generally characteristic of this species [Smith 2010, Carsten 2013]. However, **in our study, it was found** that they are also characteristic of some completely unrelated species.（これらの特徴はこの種の全般的な特徴だ［Smith 2010, Carsten 2013］。しかし、本研究では、まったく関係のない種においても特徴的であることがわかった）	These features are generally characteristic of this species [Smith 2010, Carsten 2013]. **However, it was found** that they are also characteristic of some completely unrelated species.（これらの特徴はこの種の全般的な特徴だ［Smith 2010, Carsten 2013］。しかし、まったく関係のない種においても特徴的であることがわかった）
❹	Ying et al. noted that red is most people's favorite color. However, **in a previous work carried out by our group, it was noted** that green was ....（インらは、赤が多くの人のお気に入りの色であることを指摘した。しかし、我々のグループが以前に行った研究では、緑が～であった）	Ying et al. noted that red is most people's favorite color. However, **in a previous work it was noted** that green was ....（インらは、赤が多くの人のお気に入りの色であることを指摘した。しかし、以前の研究では、緑は～であった）

第11章

命令形、不定詞、動詞-ing形

11.1 命令形の使い方

命令形には原形不定詞を使う。論文の中では次のようなときに使われる。

❶ 読者に特定の情報を思い出させる、または特定の事実に注意を向けさせるとき。
❷ 仮説を述べるとき。
❸ 読者に他のセクションや他の研究論文などを紹介するとき。

	○ 良い例	○ 良い例
❶	**Recall** that x = 1.（x=1であることを思い出してください）	**Note** that the values of x may vary.（xの値は変化する可能性があることに注意してください）
❷	[Let us] **Suppose** that x = 1.（x=1とする）	**Let** x be equal to 1.（xが1に等しいとする）
❸	This is of great importance (**see** below).（これは非常に重要である［以下を参照］）	**See** Smith's paper [23] for details.（詳しくはスミスの論文［23］を参照）

11.2 不定詞の使い方

❶ 目的や目標、実施方法について説明するときは、不定詞を使う。
❷ 不定詞の前にforを置かない。
❸ 不定詞の否定形にはin order not to, so as not toを使う。
❹ 形容詞（最上級を含む）を後ろから修飾する場合、不定詞が使われる。
❺ 数量詞（例：enough, too much, too many, too little, too few）や［数量詞＋名詞］の構造を後ろから修飾する場合にも、不定詞が使われる。

	○ 良い例	× 悪い例
❶❷	**To make** extra money, he designs and develops software.（臨時収入を得るために、彼はソフトウェアの設計と開発をしている）	**For to make** extra money, he designs and develops software.（同） **For making** extra money, he designs and develops software.（同）
❷	I need money **to buy** a house.（私は家を買うためのお金が必要だ）	I need money **for buying** a house.（同）
❸	**In order not to lose** data, make back-ups regularly.（データを失わないように、定期的にバックアップをとってください）	**For not losing / For don't / To don't lose** data, make back-ups regularly.（同）
❹	It is **straightforward to verify** that x = y.（x=yを検証することは簡単だ）	It is **straightforward verifying** that x = y.（同）
❺	It has been claimed that five users is **enough to catch** 85% of the problems on the vast majority of websites.（多くのウェブサイトの問題の85%を把握するためには、5人のユーザーがいれば十分だといわれている）	It has been claimed that five users is **enough for catching** 85% of the problems on the vast majority of websites.（同）
❺	There are too few studies with **too few patients to determine** which is the best drug.（患者数も研究数もあまりにも少ないので、どれが最良の薬か決定することは不可能だ）	There are too few studies with **too few patients for determining** which is the best drug.（同）

11.3 in order toの使い方

❶ フォーマルな場面ではin order toを使う傾向がある。

❷ 不定詞が連続する場合は、そのいずれかにin order toを使う。

❸ toよりもin order toを使うかどうかは著者の判断に委ねられているが、冗長にならないようにしよう。

❹ 目的よりも行為に重点を置く場合、in order toを使う必要はない。

	in order toを使う	toを使う
❶	**In order to** drive a car, a license must be obtained. (自動車を運転するためには、免許を取得する必要がある)	**To drive** a car you need a license. (車を運転するには免許証が必要だ)
❷	Having an English dictionary is very important. In fact, a dictionary is vital **in order to be able to distinguish** between different meanings of the same word. (英語の辞書を持つことはとても重要だ。実際、単語が持つさまざまな意味を区別できるようになるためには、辞書は不可欠だ)	It is vital **to learn** English if the desired outcome is **to be** successful. (成功を望むなら、英語を学ぶことが不可欠だ)
❷	If a scientist feels it necessary, therefore, **to publish in English in order to** reach a worldwide audience, does this mean that …? (もし科学者が、世界中の人に読んでもらうためには英語で発表する必要があると感じたとしたら、それはつまり～ということだろうか？)	It is necessary **to publish in English if you wish to reach** a wider audience. (より多くの読者を獲得したいのであれば、英語で発表することが必要だ)
❸	**[In order] to learn** English it helps to have a good teacher. (英語を学ぶためには、優れた先生に習うと効果的だ)	**To learn** English it helps to have a good teacher. (同)
❸	Our librarian will consult the library collection **[in order] to see** if we already have these books. (当図書館がこれらの本をすでに所蔵しているかどうか、司書が蔵書を調べる予定だ)	Our librarian will consult the library collection **to see** if we already have these books. (同)
❹	**[In order] to teach English**, candidates are required to have a certificate. (英語の教師になるためには資格が必要だ)	There is now a program of re-training Russian teachers **to teach** English. (現在、英語を教えるロシア人教師を再教育するプログラムがある)

11.4 不定詞の受動態

不定詞の受動態は、［to＋be＋過去分詞］の形で表す。

❶ 名詞（表の最初の例の場合：ratio）がそれに続く動詞（calculate）の目的語にな

っている場合に使われる。

❷ 能動態と受動態のどちらも可能な場合がある。下の例では、通常の不定詞を使うと相手にタスクを行うことを期待している可能性がある一方で、受動態ではこれが曖昧だ。

	受動態の不定詞	通常の不定詞
❶	This enabled the ratio **to be calculated**.（これにより比率の算出が可能になった）	This enables us **to calculate** the ratio.（同）
❶	The variants that influence these traits still need **to be identified**.（これらの形質に影響を与える変異体をこれから特定しなければならない）	We still need **to identify** the variants that influence these traits.（我々はまだ、これらの形質に影響を与える変異体を特定しなければならない）
❶	To enable these readings **to be seen** separately, the corresponding points were shifted horizontally.（これらの値を別々に見ることができるように、対応する点を水平にずらした）	In order **to see** these readings, we shifted the corresponding points horizontally and connected by straight lines.（これらの値を見るために、対応する点を水平にずらし、直線で結んだ）
❶	It remains **to be seen** whether the government will actually implement this policy.（政府がこの政策を実行に移すかどうかはまだわからない）	We remained after the presentation **to see** Professor Yi's experiments.（イ教授の実験を見るために、我々はプレゼン後も残っていた）
❷	Below is a list of tasks **to be done** next week.（以下は来週行うタスクのリストだ）	Below is a list of tasks **to do** next week.（以下は来週行っていただきたいタスクのリストだ）

11.5 不定詞の完了形

不定詞の完了形は、［to＋have＋過去分詞］の形で表す。

❶ 過去の特定の状況で起きたことを表すときに使う。通常の不定詞のように常に起きることを表しているわけではない。

❶ 不定詞の完了形	❷ 通常の不定詞
In the last experiment, the clustering algorithm seems **to have performed** very well, with just a few individuals falling outside the obvious clusters.（前回の実験でクラスタリングアルゴリズムは非常に優れたパフォーマンスを発揮したと思われる。明確なクラスターから外れた個体はほんのわずかだった）	Our clustering algorithm seems **to perform** very well with whatever kind of data it has to deal with.（我々のクラスタリングアルゴリズムは、どのような種類のデータで処理であっても非常に優れたパフォーマンスを示すようだ）
This disease was estimated **to have caused** or contributed to death in 122 of 51,645 of the patients analysed.（この病気は、分析対象となった患者51,645人のうち122人の死亡の原因または遠因であると推定された）	Malaria is estimated **to cause** almost one in five deaths in sub-Saharan Africa.（サハラ以南のアフリカではほぼ5人に1人がマラリアで死亡していると推定される）
Around 100,000 people claim **to have seen** a UFO last year.（約10万人が昨年UFOを見たと主張している）	Around 10,000 people claim **to see** UFOs on a regular basis.（約1万人が定期的にUFOを目撃していると主張している）

11.6 動詞-ing形

動詞-ing形は、動詞の原形に-ingをつけて作る（例：study + ing = studying）。否定形は、notをその前に置いて作る（例：not studying, not working）。動詞-ing形は次のようなときに使う。

❶ 動詞が文の主語の場合。
❷ 前置詞、副詞、接続詞の後。
❸ 目的や目標について説明するときは、動詞-ing形を使わない。不定詞を使う（→11.2節）。

	○ 良い例	× 悪い例
❶	**Developing** software is their core business.（彼らの事業の中心はソフトウェア開発だ）	**To develop** software is their core business.（同）
❷	Before **starting** up the PC, make sure it is plugged in.（PCを起動する前に、電源に接続されていることを確認してください）	Before **to start** up the PC, make sure it is plugged in.（同）

❷	When **transferring** the samples, ensure that the recipient is clean. (サンプルを移動する際には、受け手側が清潔であることを確認してください)	When **transfer** the samples, ensure that the recipient is clean. (同)
❷	The contents may be displaced while **being** transferred. (移動中に内容物の位置がずれることがある)	The contents may be displaced while **to be** transferred. (同)
❸	Our aim is **to investigate** the use of X. (我々の目的はXの使い方を調査することだ) = **Investigating** the use of X is our aim.	Our aim is **investigating** the use of X. (同)
❸	The target was **to identify** those elements that require X. (目的はXを必要とする要素を特定することだった) = **Identifying** those elements that require X was the target.	The target was **identifying** those elements that .... (同)

11.7 [by＋動詞-ing形]と[thus＋動詞-ing形]を使って曖昧さを避ける

❶ 動詞-ing形は、本動詞の主語になっているときは文頭に置く（→**11.6節❶**）。

❷ 動詞-ing形が本動詞の主語でない場合、[by＋動詞-ing形] の構造にするか、if節に置き換える必要がある。

❸ 行為の結果は、[thus＋動詞-ing形] の構造で表す。

❹ byを使うべきところにthusを使うと、またはその逆になると、文意が大きく変わってしまうことがある。

	○ 良い例	✕ 悪い例
❶	**Learning** English **will help you** to pass the exam. (英語の学習は試験合格に役立つ)	
❷	**By learning** English you will pass the exam. (英語を学習することであなたは試験に合格できるだろう) = If you learn English you will pass the exam.	**Learning** English you will pass the exam. (同)

❷	**By clicking** on the mouse you can open the window.（マウスをクリックしてウィンドウを開くことができる） = If you click ….	**Clicking** on the mouse you can open the window.（同）
❸	We learn English **thus enabling** us to communicate with our international colleagues.（英語を学ぶことで外国人の同僚たちとコミュニケーションをとることができるようになる） = We learn English and thus we can communicate …. = We learn English and this means we can communicate ….	We learn English **enabling** us to communicate with our international colleagues.（同）
❸	The introduction of the euro led to a rise in prices **thus causing** inflation.（ユーロの導入で物価が上昇し、インフレが起きた） = The introduction of the euro led to a rise in prices and this caused inflation.	The introduction of the euro led to a rise in prices **causing** inflation.（同）
❹	This improves performance **by keeping** customers satisfied.（顧客が満足すれば、業績は向上するだろう） = Performance improves when customers are satisfied.	This improves performance **keeping** customers satisfied.（同）
❹	This improves performance **thus keeping** customers satisfied.（業績が向上すれば、顧客は満足するだろう） = If performance improves then customers will be satisfied.	This improves performance **keeping** customers satisfied.（同）

11.8 動詞-ing形の曖昧さ

❶ 動詞-ing形でセンテンスを開始すると、それが誰を、または何を指しているのか、読者は明確にはわからないかもしれない。解決策は、動詞-ing形を使わずに［主語＋動詞］の構造を作ることだ。

❷ 動詞-ing形がセンテンス後半に現れると、それがセンテンス前半の主語を修飾しているのか、動詞の目的語を修飾しているのか、読者には判断できないかもしれない。解決策は、thatやbecause（またはsince, asなど）を使って修飾関係を明確にすることだ。

❸ 単に情報を追加する場合はandを使う（厳密なルールではないが、読者の理解に役立つ）。

	○ 良い例	× 悪い例
❶	Since **the frequency spectrum is equal** for all the examined transients, the curves have the same shape and differ only in amplitude.（検査されたすべての短時間変動において周波数スペクトルが等しいため、曲線は同じ形状を持ち、振幅だけが異なっている）	**Being equal** for all the examined transients **the frequency spectrum**, the curves have the same shape and differ only in the amplitude.（同）
❶	If **the status is set** to OFF, users will not be able to operate the machine.（ステータスをオフにすると、ユーザーは機械を操作できなくなる）	**Setting the status** to OFF, users will not be able to operate the machine.（同）
❶	After **the gels had been washed** to remove impurities, they were incubated for 90 min.（不純物を取り除くためにゲルを洗浄した後、90分間培養した）	After **washing** to remove impurities, **the gels** were incubated for 90 min.（同）
❷	Professor Yang only teaches students **that have** a good level of English.（ヤン教授は英語力の高い学生だけを教えている） ＊学生たちが高い英語力を持っていることは明らかだ。	Professor Yang only teaches students **having** a good level of English.（同） ＊高い英語力を持っているのは学生か、それともヤン教授か不明瞭だ。
❷	Suzi teaches students **since/because** she has a passion for teaching.（スージーは教えることが大好きで教師の仕事をしている）	Suzi teaches students **having** a passion for teaching.（同） ＊生徒とスージー、どちらが情熱を持っているのか不明。
❸	This document gives an overview of X **and throws** light on particular aspects.（この文書はXの概要を説明し、特定の側面に光を当てている）	This document gives an overview of X, **throwing** light on particular aspects.（同）

11.9 曖昧な動詞-ing形はthatやwhichで言い換える、または語順を変える

❶ 動詞-ing形は曖昧になりやすく、それが制限的な意味で使われているのか、非制限的な意味で使われているのか、読者にはわからないことがある（→7.2節）。

そのような場合、thatやwhichを使って明確にする。

❷ 場合によっては、文構造を変えることが最良の解決策だ。

	曖昧さはない	曖昧さはない	曖昧さが残る
❶	Phenolic resin components (PRCs) **that occur** on the surfaces of plant organs have been frequently used, particularly in medicines. (植物器官の表面に生じるフェノール樹脂成分［PRC］は、特に医薬品として頻繁に使用されてきた) ＊植物器官の表面に生じないPRCもあることが伝わる。	Phenolic resin components (PRCs), **which occur** on the surfaces of plant organs, have been frequently used, particularly in medicines. (同) ＊すべてのPRCが植物器官に発生するものであり、それを追加情報として伝えている。	Phenolic resin components (PRCs) **occurring** on the surfaces of plant organs have been frequently used, particularly in medicines. (同) ＊すべてのPRCを指すのか、それとも一部のPRCを指すのかが曖昧。
❷	A horizontal force is applied to one cylinder at a constant rate. **This rate measures** the corresponding displacement. (シリンダーに一定速度で水平に力を加える。この速度に応じて対応する変位を測定する)	A horizontal force is applied to one cylinder at a constant rate. **This force** is then used to measure the corresponding displacement. (シリンダーに一定速度で水平に力を加える。この力を対応する変位の測定に使う)	A horizontal force is applied to one cylinder at a constant rate **measuring** the corresponding displacement. (シリンダーに一定速度で水平に力を加え、それに対応する変位を測定する)

11.10 不定詞をとる目的、目標、外観、様子を表す動詞

❶ 目的/目標を表す動詞には、afford, attempt, choose, compel, convince, decide, encourage, force, hope, intend, invite, learn, manage, neglect, oblige, offer, order, plan, persuade, prefer, promise, propose, refuse, remember, study, teach, try, want, warn, wish, would likeなどがある。

❷ 外観/様子を表す動詞にはappear, seemなどがある。

	○ 良い例	× 悪い例
❶	We are **planning to have** a meeting next week. (我々は来週会議を開催する予定だ)	We are **planning having** a meeting next week. (同)

❶	I **write to inform** you that your invoice has now been processed. (請求書の処理が終わりましたのでお知らせいたします)	I **write informing** you that your invoice has now been processed. (同)
❷	This **seems / appears to be** the best solution. (これが最善の解決策と思われる)	This **seems / appears being** the best solution. (同)

11.11 目的格構文(動詞＋人/物＋不定詞)をとる動詞

能動態で使われる動詞の中には、直接目的語の後に不定詞を必要とするものがある。代表的な3つの構文を紹介する。

❶ X allows Y to do Z.
❷ X allows Y to be done.
❸ X is allowed to do Y.

3つのルールすべてに従う一般的な動詞には、提案や要求を表すadvice, ask, encourage, force, oblige, offer*, promise*, prefer*, request, want*, wish*, would like*、期待や許可を表すallow, enable, permit, predict, expect, forecastなどがある（アスタリスクマークで示した動詞はルール❶と❷にしか従わない）。

	○ 良い例	× 悪い例
❶	The build-up of large water masses against the shore **forces the water to move** seaward as an undertow. (海岸に向かって積み重なった海水の大きな塊が、引き波となって沖に向かって勢いよく移動する)	The build-up of large water masses against the shore **forces the water moving** seaward as an undertow. (同)
❶	A passport **permits the holder to travel** across national borders. (パスポートはその所持者が国境を越えて旅行することを許可する)	A passport **permits traveling / to travel** across national borders. (パスポートは国境を越えて旅行することを許可する)
❶	The referees **want / have asked / have requested us to make** various changes. (査読者は我々にさまざまな変更を加えることを望んで/求めて/要求している)	The referees **want / have asked / have requested we make** various changes. (同)

❶	I **would like you to make** the following changes: (次のような変更を加えて頂きたいです)	I **would like that you make** the following changes: (同)
❷	This software **allows tasks to be carried out** more quickly. (このソフトを使えば、作業をより迅速に遂行することができる)	This software **allows to carry out tasks** more quickly. (同)
❷	The editors **expect the changes to be made** before the end of the month. (編集者は、この変更が月末までに行われることを期待している)	The editors **expect that the changes are made** before the end of the month. (同)
❸	Ph.D. students **are encouraged to present** posters at the conference. (博士課程の学生たちには、学会でポスター発表をすることが奨励されている)	
❸	With this password **users are enabled to use** the system. (ユーザーはこのパスワードを使ってシステムを使うことができる)	With this password **users enable to use** the system. (同)

11.12 能動態と受動態：不定詞が必要な場合と不要な場合

❶ 不定詞は受動態の後にassume, believe, hypothesize, imagine, suppose, thinkなどの動詞とともに使われる。能動態の後には使われない。これらの動詞はすべて何らかの意見や推測を表す。

❷ ルール❶に挙げた動詞を能動態で使う場合は、別の構文[that＋名詞＋能動態]が必要だ。

❸ 受動態の主語がitの場合も、ルール❷と同じ構文が必要だ。

	○ 受動態を使う	○ 能動態を使う	✕ 悪い例
❶❷	The value of x **is assumed to be** equal to 1. (Xの値は1に等しいと仮定する)	We **assume that** the value of x **is** equal to 1. (同)	We **assume** the value of x **to be** equal to 1. (同)
❶❷	This tree **was believed to have** supernatural powers. (この木は超自然的な力を持つと信じられていた)	They **believed that** this tree **had** supernatural powers. (同)	They **believe to have found** the answer. (同)

❸ ❶	It **was thought** that the answer **was known**. (その答えはわかっていると考えられていた)	They **thought** they **knew** the answer. (彼らはその答えを知っていると思っていた)	They **thought to know** the answer. (同)
❸ ❶	It **was assumed** that the problem had **been resolved**. (その問題は解決したと思われていた)	We **assumed** that we had already **resolved** this problem. (我々はこの問題はすでに解決したものと思っていた)	We **assumed to have** already **resolved** this problem. (同)

11.13 能動態：不定詞を伴わない動詞

believe, realize, think などの動詞は、能動態では不定詞を伴わない。[動詞＋(that)＋代名詞＋動詞] の構造をとる。

○ 良い例	× 悪い例
We **believe (that) we are** the first to have revealed this discrepancy. (この矛盾を明らかにしたのは自分たちが最初だと我々は信じている)	We **believe to be** the first to have revealed this discrepancy. (同)
We **realized (that) we had** this problem only a month ago. (我々はわずか1ヵ月前にこの問題があることに気づいた)	We **realized to have** this problem only a month ago. (同)
She **thought (that) she was** right. (自分は正しいと彼女は思った)	She **thought to be** right. (同)

11.14 letとmakeの使い方

❶ 能動態ではmakeとletの後に原形不定詞を使う。
❷ 受動態ではmakeの後にはto不定詞が使われる。
❸ let usの短縮形let'sはインフォーマルすぎるので使わない。
❹ letは前提条件や背景の説明をするときに使われることが多い。letの後の動詞は原形（文法的には仮定法現在）の形をとる。

	○ 良い例	× 悪い例
❶	The engine **makes** the wheels **go** round.（エンジンが車輪を回転させる）	The engine **makes** the wheels **to go** round.（同）
❶	Please **let** me **know** as soon as possible.（できるだけ早く教えてください）	Please **let** me **to know** as soon as possible.（同）
❷	He **was made to write** the paper by his professor.（彼は教授から論文の執筆を命じられた）	He **was made write** the paper by his professor.（同）
❸	**Let us** now look at Equation 5.（ここで、式5を見てみよう）	**Let's** now look at Equation 5.（同）
❹	**Let** X **be** a compact convex set in a topological vector space Y.（Xを位相的ベクトル空間Yのコンパクトな凸集合と仮定する）	**Let** X **to be** / **Let** X **is** a compact convex set in a topological vector space Y.（同）

11.15 動詞＋動詞-ing形：推奨、提案などの表現

❶ 何らかの活動あるいは行動の経過を表す動詞の後には、動詞-ing形が置かれる傾向がある。例えば以下のような動詞だ：avoid（避ける）、carry on（続ける）、consider（検討する）、contemplate（熟考する）、delay（遅らせる）、entail（伴う）、finish（終える）、imagine（想像する）、imply（暗示する）、mean（意味する）、miss（見逃す）、postpone（延期する）、recommend（勧める）、risk（危険がある）、suggest（提案する）など。

❷ preventとstopの後には［目的語＋動詞-ing形］の構造が続く。

❸ be dedicated to（～に尽くす）、be devoted to（～に専念する）、be an aid to（～の助けになる）、look forward to（～を楽しみにする）、contribute to（～に貢献する）、object to（～に反対する）などの動詞では、toの後に動詞-ing形を置く。

❹ 第三者に対して推薦や提案を行う場合、［recommend/suggest＋that＋人＋(should)＋動詞の原形＋目的語］の構造をとる。

	○ 良い例	× 悪い例
❶	The survey also showed that 88% of these graduates were satisfied with their programs of study and would **recommend studying** in Scotland. (調査結果から、卒業生の88%が学習プログラムに満足しており、スコットランド留学を他の人に勧めたいと思っていることもわかった)	The survey also showed that 88% of these graduates were satisfied with their programs of study and would **recommend to study** in Scotland. (同)
❶	Tagawaki et al. have **suggested doing** this in reverse order. (タガワキらはこれを逆の順序で行うことを提案している)	Tagawaki et al. have **suggested to do** this in reverse order. (同)
❶	This **entails carrying** out further tests. (そのためには、さらに試験を実施する必要がある)	This **entails to carry** out further tests. (同)
❶	We have **finished writing** the first draft. (我々は第一稿を書き終えたところだ)	We have **finished to write** the first draft. (同)
❷	Does parental disapproval **prevent teenagers from drinking** alcohol? (親が反対すれば10代の飲酒は防げるか？)	Does parental disapproval **prevent teenagers to drink** alcohol? (同)
❷	How do we **stop doctors [from] overprescribing** antibiotics? (医師が抗生物質を過剰に処方するのをどう止めさせることができるか？)	How do we **stop doctors to overprescribe** antibiotics? (同) How do we **stop that doctors overprescribe** antibiotics? (同)
❸	Most of this section is **devoted to reviewing** the literature. (このセクションの大部分は文献のレビューに費やされている)	Most of this section is **devoted to review** the literature. (同)
❸	I **look forward to hearing** from you. (ご連絡をお待ちしています)	I **look forward to hear** from you. (同)
❹	The referees **recommend / suggest that you / he [should] reorganize** the structure of your / his paper. (査読者は、あなた/彼が論文の構成を再考することを勧めて/提案している)	The referees **recommend / suggest you / him to reorganize** the structure of your / his paper. (同)

❹	We **recommend** / **suggest that** policy changes in this direction **[should] be made**. (我々は、この方向で政策の変更が行われることを推奨/提案する)	We **recommend** / **suggest to make** policy changes in this direction. (同)

11.16 不定詞と動詞-ing形の両方をとる動詞

同じ動詞でも、意味によって不定詞か動詞-ing形かを使い分ける。

❶ 目標や目的に焦点を当てる場合は不定詞をとる。
❷ 行動に焦点を当てる場合は動詞-ing形をとる。
❸ startとbeginは、その後に不定詞と動詞-ing形のどちらを続けても意味はあまり変わらない。ただし、startとbeginを進行形で使う場合は（例：is starting, was beginning)、不定詞がその後に続く。
❹ is usedの後には、不定詞または［for＋動詞-ing形］のいずれかが続く。

	不定詞を使う	動詞-ing形を使う
❶❷	The experiments on the animals **were stopped in order to** avoid any further protests by animal activists. (動物活動家のこれ以上の抗議を避けるため、動物を使った実験が中止された)	We **stopped doing** the experiments to avoid protests by animal activists. (動物活動家からの抗議を避けるため、我々は動物を使った実験を中止した)
❶❷	Please **remember to include** your biography with your manuscript. (原稿には経歴を忘れずに添付してください)	The patient **remembered dreaming** about his mother the night before. (患者は前の晩に母親の夢を見たことを思い出した)
❶❷	We **regret to inform** you that we cannot accept your proposal. (残念ながら、私たちはあなたの提案を受け入れることができません)	I **regretted not accepting** the job proposal. (私は仕事のオファーを受け入れなかったことを後悔した)
❶❷	We would **like to emphasize** that .... (私たちは～を強調したいと思います)	I **like playing** all kinds of sports. (私はあらゆる種類のスポーツをすることが好きだ)

❶ ❷	She **teaches** young children **to dance** in her spare time. (彼女は空いた時間で幼い子どもたちにダンスを教えている)	She **teaches** young children **dancing** in her spare time. (同)
❸	I am **starting to learn** Spanish. (私はスペイン語を習う予定だ)	I have **started to learn / learning** Spanish. (私はスペイン語を習い始めた)
❹	A pen **is used to write** with. (ペンは書くために使われる)	A pen **is used for writing** with. (同)

第12章 助動詞：can, may, could, should, must

12.1 現在と未来における能力と可能性の表現：canとmay

❶ canは、特定の行動を遂行する能力があることを表現するときに使われる。また、ある条件が満たされれば、あるいは望まれれば、何らかの行動が起こり得ることを表す。しかし必ず起きるというわけではない。

❷ mayは、何かが起きる可能性があることだけを示す。不確実性が示されるので、仮説を立てたり、将来を予測したり、確からしさについて説明するときに使われる。

❸ canは未来に関する確信度を示す。

❹ [may have＋過去分詞] は、過去の出来事について推論するときに使われる。[can have＋過去分詞] という形は存在しない。

❺ canとmayが肯定文で使われる場合、意味の違いはほとんどないが、canのほうがより確実であるため、定義文でよく使われる（最後の例文）。

	can	may
❶❷	Bilinguals are people that **can** speak two languages. (バイリンガルとは2つの言語を話せる人のことだ)	Bilinguals **may** sometimes have learning difficulties when very young. (バイリンガルは幼少時に学習困難を経験することがある)
❶❷	Government cuts in education funding **can** have devastating effects on research (Ref. 12–28). (政府による教育資金の削減が、研究に破壊的な影響を与えることがある［資料12–28］)	In the next decade such government cuts **may** lead to the closure of several universities. (政府によるこのような資金削減は、今後10年間でいくつかの大学の閉鎖につながるかもしれない)

	can	may
❶ ❷	This situation **can** be [= This situation is] quite dangerous when hydrogen is present in the chamber. Such dangers **can** be mitigated by properly designing the compartments.（水素が容器内に存在する場合、この状況はかなり危険だ。このような危険はコンパートメントを適切に設計することで軽減できる）	It **may** be dangerous to speculate about the possibilities of this actually happening as so many factors are involved.（多くの要因が絡んでいるため、実際に起こる可能性について推測するのは危険かもしれない）
❶ ❷	It **can** rain [= It rains] a lot during a monsoon, up to 20 cm of rain at one time.（雨期の雨量は多く、一度に20cmの雨が降ることもある）	It usually rains a lot during a monsoon, but this year it **may** rain less as a result of global warming.（雨期の雨量はいつも多いが、今年は地球温暖化の影響で少ないかもしれない）
❶ ❷	From this perspective, the costs of low short-term interest rates **can** be seen largely as adjustment costs.（このように考えると、短期金利が低いことによる損失は、主に調整コストとして理解することができる）	Interest rates **may** go up again in the near future.（近い将来、金利が再び上昇するかもしれない）
❸ ❷	I **can** see [= I will see] you tomorrow – what time shall we meet?（明日、あなたに会うことができます。何時に会いましょうか？）	I **may** be here tomorrow, but I am not 100% sure.（私は明日ここにいるかもしれませんが、100%確実ではありません）
❹		Our sample was only small. Clearly, this **may have affected** the results.（我々のサンプルは非常に少なかった。このことが結果に影響を与えた可能性があることは明らかだ）
❺	In our view, having two systems **can** be a more reliable way for dealing with this problem.（我々の考えでは、2つのシステムを持つことがこの問題に対処するためのより信頼できる方法となり得る）	In our view, having two systems **may** be a more reliable way for dealing with this problem.（我々の考えでは、2つのシステムを持つことがこの問題に対処するためのより信頼できる方法かもしれない）

❺	Dogs **can** eat up to 5 kg of food per day, as can be seen in Table 4. (表4からわかるように、犬は1日に5kgまで食べることができる)	Dogs **may** eat up to 5 kg of food per day, as can be seen in Table 4. (表4からわかるように、犬は1日に5kgまで食べることができるようだ)
❺	A university **can** be defined as a place of advanced learning. (大学は、高度な学問の場と定義できる)	A university **may** be defined as a place of advanced learning. (大学は、高度な学問の場と定義できるかもしれない)

12.2 可能性と不可能性：cannotとmay not

❶ cannotは、ある状況や事態が起こりえないことを示す。
❷ may notは、ある状況やシナリオが起きない可能性があることを示す。
❸ [cannot have＋過去分詞] は、実現しなかった過去の出来事に関する推論を示す。
❹ [may (not) have＋過去分詞] は、過去について推測するために、特に論文の考察で使われる。might haveやcould haveも同じように使うことができる。[can have＋過去分詞] という形は存在しない。

	cannot	may not
❶ ❷	I apologize, but I **cannot** come to the meeting as I will be in Hong Kong. (申し訳ありません。ちょうど香港にいる予定で、ミーティングに参加できません)	I **may not** be able to come to the meeting tomorrow – is it alright if I let you know later today? (明日のミーティングに参加できないかもしれません。参加できるかどうか後で連絡してもいいでしょうか？)
❶ ❷	It is well known that most North Americans and Britons **cannot** speak any foreign languages. (北米や英国の多くの人が外国語をまったく話せないことはよく知られている)	Professor Smith is English so he **may not** speak any foreign languages. (スミス教授はイギリス人だから、外国語は話せないかもしれない)
❸ ❹	Shakespeare was not born until 1564 so this work (dated 1560) **cannot have been** written by him. (シェイクスピアは1564年に生まれたので、この作品［1560年作］は彼によって書かれたものであるはずがない)	Although our sample was only small, this **may not have affected** the results because the sample was, in any case, very representative. (サンプル数は非常に少ないが、代表的なサンプルであることに間違いはないので、結果には影響していないだろう)

12.3 能力：can, could, be able to, manage, succeed

❶ canは、現在の状況を判断した上で将来の能力について述べるときに使う。助動詞を［will can］と2つ続けることはできない。

❷ 将来の出来事について述べるのにcanを使えない場合は、be able toを使う。

❸ 肯定文のcouldは、習慣的な過去の能力、つまり主語（人や物）が何かを常にできていたことを表す。was able toもこの文脈で使うことができる。他の助動詞と同様に、couldの後には動詞の原形が続く。

❹ 過去のある特定の機会に何かを行う能力を有していたことを表すとき、couldを肯定文および疑問文で使うことはできない。このような場合には、be able to, succeed in, manage toのいずれかを使う。

❺ 仮定法との混同を避けるため、過去の能力不足について説明するときは、could notの代わりにdid not manage to, did not succeed inまたはwas/were not able toを使うのがよい。

❻ be able toは、すべての時制や文構造においてcanの代わりに使うことができる。

	○ 良い例	× 悪い例
❶	I **can** finish the paper by tomorrow.（私は明日までに論文を仕上げることができる）	I **will can** finish the paper by tomorrow.（同）
❷	I **will be able to** speak better English when I have finished this course.（このコースを終えた頃には、私はもっと上手に英語を話せるようになっているでしょう）	I **can** speak better English when I have finished this course.（同）
❸	The patient **could** / **was able to** walk at the age of six months.（その患者は生後6ヵ月で歩くことができた）	The patient **could** to walk at the age of six months.（同）
❹	I **managed** / **was able to** finish the manuscript on time.（私は時間内に原稿を仕上げることができた）	I **could** finish the manuscript on time.（同）
	I **succeeded** in finishing the ….（私は～を仕上げることができた）	

⑤	They **didn't manage / were unable to** do it.（彼らはそれに失敗した） = They **didn't succeed** in doing it.	They **couldn't** do it.（彼らはそれができなかった） ＊曖昧さが生じる可能性がある。
⑥	We **would have been able to** obtain better results if ….（もし～であったら、私たちはより良い結果を得ることができていただろう）	We **would have been can** obtain better results if ….（同）
⑥	In order **to be able to** make this calculation, the following are required:（この計算ができるようになるためには、次のことが必要だ）	In order **to can** make this calculation, the following are required:（同）

12.4　現在に関する推論や推測：must, cannot, should

❶ mustは、肯定的な論理的結論を導き出すときに使われる。have toは一般的にはそのような文脈で使われない。

❷ cannotは、否定的な論理的結論を導き出すときに使われる。

❸ shouldは、確実ではないが起こりそうなことを表す。

	○ 良い例	× 悪い例
❶	If X = 1 and Y = 2, then X + Y **must** equal three.（X=1、Y=2であれば、X+Yは3になるはずだ）	If X = 1 and Y = 2, then X + Y **has to** equal three.（同）
❷	If X = 1 and Y = 2, then X + Y **cannot** equal five.（X=1、Y=2であれば、X+Yが5になることはありえない）	If X = 1 and Y = 2, then X + Y **must not** equal five.（同）
❸	If the two substances are mixed together, they **should** go red. However, occasionally the mixture is brown.（これら2つの物質を混ぜると、赤くなるはずだ。しかし、茶色になるときもある）	If the two substances are mixed together they **must** go red. However, occasionally the mixture is brown.（同）

12.5　推論や推測：could, might (not)

❶ couldは、実現可能な行動を提案するときによく使われる。

❷ mightは、実現可能な行動が引き起こす結果や影響を示唆する。しかしこの結果や影響が実際に起きるかどうかは定かではない。

❸ couldとmightの違いは非常に微妙であることが多い。couldには確実性があり、mightには不確実性がある（起きるかもしれないし、起きないかもしれない）。

❹ couldとmightが同じ意味で使われることもある。

❺ 推測をするときは、could notではなくcannotを使う。might notは何か（＝主語）が事実ではない可能性があることを示唆する。

	could	might
❶❷	Future research **could** be directed towards elucidating this pathology. （将来の研究はこの病態を解明する方向に向けられるだろう）	Such research **might** then reveal the true causes of this pathology. （このような研究がこの病態の真の原因を明らかにするかもしれない）
❶❷	One solution **could** be to get parents and children to swap roles for a day. （親と子の役割を1日だけ交替することも、解決策の一つだろう）	What if parents and children swapped roles for a day? How **might** they behave differently? （親と子の役割を1日だけ交替したら、彼らはどのように異なる行動をとるだろうか）
❶❷	We **could**, of course, increase the use of transgenic crops without thinking too much about the consequences. （もちろん、結果についてあまり考えずに、遺伝子組み換え作物の利用を増やすこともできる）	We show that major problems **might** result from excessive use of transgenic crops over time. （我々は、遺伝子組み換え作物の長年の過剰な利用によって大きな問題が生じる可能性があることを示す）
❶❷	If we had more energy then we **could** certainly increase production. （もっとエネルギーがあれば、確実に生産量を増やせるのだが）	We **might** be able to increase production, but only if the following set of requirements were all complied with. （生産量を増やすことができるかもしれないが、それは次のような一連の要件がすべて満たされた場合のみだ）
❸	These factors **could** [= **can**] be interpreted as being indicative of .... （これらの要素は～を示していると解釈することができる）	Unfortunately, the referees **might** [= **may**] interpret our findings as being indicative of .... （残念ながら査読者は、私たちの発見は～を示していると解釈するかもしれない）

4	The temperature then rises dramatically. This effect **could/might** be due to … and this **could/might** explain why …. (その後、温度は急激に上昇する。これは~の影響かもしれないし、また~であることの理由を説明できるかもしれない)	The history of the world **might / could** be categorized as a series of random events. (世界の歴史を、偶発的な出来事の連続という視点で分類することができる)
5	This **cannot** be the reason why the first two experiments gave very different results. There must be another reason …. (最初の2つの実験が非常に異なる結果を出した理由はこれではないだろう。他に理由があるはずだ)	This **might** (**may**) **not** be the reason why the first two experiments gave very different results. There is a possibility that there are other explanations …. (最初の2つの実験が非常に異なる結果を出した理由はこれではないかもしれない。他の説明が存在する可能性がある)

12.6 現在の義務：must, must not, have to, need

mustとmust notは、仕様書や取扱説明書ではよく使われるが、論文ではあまり使われない。have toも論文ではほとんど使われない。

1. mustは、特定の権威から課された絶対要件であるときに使う。have toは一般にこのような状況では使われない。
2. have toは、外部の権威によって決定されているときに使う。
3. must notは、権威によって禁止されているときに使う。
4. do/does not have toは、義務や強制ではないときに使う。hasn't to, haven't to, hadn't toと短縮するのは誤りだ。
5. needは、必要性を示すときに使う。また推奨するために使われることもある。
6. do/does not needはdo/does not have toとほぼ同じ意味を持つ。do not needとneedn'tの使い方には区別があるが、研究論文ではこの違いは重要ではなく、ともに同じように使われる。

	must	have to, need
1 2	Helmets **must** be worn on the building site at all times. (建設現場では常にヘルメットの着用が義務付けられている)	You **have to** wear a helmet on the building site at all times. (建築現場では常にヘルメットを着用しなければならない)

❶ ❷	The form **must** be filled out and signed by the applicant.（申請者は用紙に必要事項を記入し、署名しなければならない） = Please ensure that the form is filled out by the applicant.	I think we **have to** fill out the form and then sign it.（用紙に記入し署名しなければならないと思います）
❸ ❹	Authors **must not** copy the text of other authors.（著者は、他の著者の文章をそのまま写してはならない）	As a Ph.D. student, I have to write a dissertation in my third year. However, I **don't have to** write it in English – I also have the option of writing it in my own language.（博士課程の私は、3年目に論文を書かなければならない。しかし、英語で書く必要はない。母語で書くという選択肢もある）
❺		This area **needs** further investigation.（この分野はさらに調査が必要だ）
❻		We **don't need to** do it tomorrow, we can do it next week if you want.（明日やる必要はありません。来週がよければそれでも構いません） = We **don't have to** do it tomorrow, we can do it next week if you want.

12.7 過去の義務：should have＋過去分詞, had to, was supposed to

❶ mustには過去形がない。過去の義務に言及するときは、had to, didn't have toを使う。

❷ was/were supposed toは、権威に従う義務があったが、実際には従わなかったことを表すときに使う。

❸［should have＋過去分詞］は、行うべきであったのに実際には行わなかった行動に言及するときに使う。

❹ was going toは、やろうと計画していたのに実行しなかった行動に言及するときに使う。

	○ 良い例	× 悪い例
1	We **had to** perform six experiments to ensure repeatability. (再現性を確保するために、我々は6つの実験を行う必要があった)	We **musted** perform six experiments to ensure repeatability. (同)
2	The manuscript **was supposed to have been completed** last week, but unfortunately they are still working on it. (原稿は先週完成する予定だったが、残念ながら彼らはまだ作成中だ)	The manuscript **had to be completed** last week, but unfortunately they are still working on it. (同)
3	We **should have sent** the Abstract to the conference, then we could have presented our research. Now we can only go and watch. (学会に抄録を送るべきだった。そうすれば自分たちの研究を発表できたはずだ。今はただ会場に行って見ていることしかできない)	We **had to send** the Abstract to the conference, then we could have presented our research. Now we can only go and watch. (同)
4	I **was going to send** my Abstract to the conference organizers, but I forgot. (学会主催者に抄録を送る予定だったが、忘れていた)	I **had to send** my Abstract to the conference organizers, but I forgot. (同)

12.8 義務と推奨：should

1. should (not)は、直接的な命令ではなく、強い推奨をするときに使う。
2. shouldは、論文の結論部で著者が他の著者に対して今後の研究の方向性を提案するときによく使われる。
3. 自分の発見や応用、方法が他の人にとってどのように役立つかを述べるときは、傲慢に聞こえないようにshouldの使い方には注意が必要だ。そのような場合、mayを使うほうが無難だろう。あるいは、いきなり主張せずに、文頭をWe believe that～で開始するとよい。
4. 論文以外では、shouldは気軽に提案や意見を伝えるときに使う。
5. shouldと同じ意味を持つought toは、道徳的な義務を示唆することが多く、研究論文ではほとんど使われない。

	○ 良い例	× 悪い例
❶	Special glasses **should** be worn in the lab. Computers **should not** be turned off without first being prepared for shutdown. (研究室では特殊なメガネを着用すること。コンピュータはシャットダウンの準備が整っていないのに電源を切ってはならない)	
❷	Future work **should** address the need to …. (将来の研究では～の必要性に取り組むべきだ)	Future work **must** address the need to …. (同)
❸	Our approach **may** also be useful for those working in the field of medicine. (我々のアプローチは、医学分野で働く人たちにとっても有用だろう)	Those working in the field of medicine **should** also use our approach. (医学の分野で働いている人たちも、我々のアプローチを採用すべきだ)
❸	**We believe that** an important feature of any future work **should** be an attempt to …. (我々は、将来の研究において重要なことは～への取り組みであるべきだと考えている)	An important feature of any future work **should** be an attempt to …. (将来の研究において重要なことは～への取り組みであるべきだ)
❹	You **should** try using another search engine – it would be much quicker. (別の検索エンジンを使ってみてはどうだろうか。そのほうがずっと早いだろう)	You **must** try using another search engine – it would be much quicker. (別の検索エンジンを使うべきだ。そのほうがずっと早いだろう)
❹	I think the third world debt **should** be cancelled. (私は、発展途上国の債務は免除されるべきだと思う)	I think the third world debt **has to** be cancelled. (同)
❺	There is a huge gap between what we feel we **ought to** do to help the third world, and what we actually do. (発展途上国を支援するためにやるべきだと思っていることと実際にやっていることの間には、大きなギャップがある)	

第13章

接続詞：also, although, but

13.1 about, as far as, ... is concerned

❶ aboutを接続副詞的に文頭に使って新しい話題を導入しない。

❷ as far as X is concernedは、それまでの話題とは異なる新しい話題を切り出すときに使う。主節と従属節の主語は異なる。

❸ as far as X is concernedの不用意な使用や過剰な使用は避ける。簡潔な文に書き直せることが多い。

	○ 良い例	× ❶ 悪い例 ❷❸ 推奨できない例
❶	We are writing to you **about** the paper we sent you in May. We would like to ....(5月にお送りした論文についてご連絡いたしました。できれば~したいと考えています) = Concerning / regarding / on the subject of / with regard to the paper we sent	**About** the paper we sent you in May, we would like to know whether .... (5月にお送りした論文について、~かどうかを知りたいです)
❷	**As far as the budget is concerned, we** would like to ask you whether .... (予算に関して、~かどうかをお伺いしたいです) ＊主節の主語はwe。	**As far as the budget is concerned, this** can be discussed at the next meeting. (予算に関しては次の会議で議論できます) ＊主節も従属節も主語はbudget。
❸	**The budget** can be discussed at the next meeting. (予算に関しては次の会議で議論できます)	**As far as the budget is concerned, this** can be discussed at the next meeting. (同)
❸	**In terms of telephone production**, Nokia is Europe's biggest producer of mobile units. (電話機の生産に関しては、ノキアがヨーロッパ最大の携帯電話機メーカーだ) = Nokia is Europe's biggest producer of mobile telephones.	**As far as telephones are concerned**, Nokia is Europe's biggest producer of mobile units. (同)

❸	**We can draw** a similar conclusion for the second phase as for the first phase. (我々は、第二段階でも第一段階と同様の結論を導き出すことができる)	**As far as the second phase is concerned** we can draw a similar conclusion as for the first phase. (同)

13.2 also, in addition, as well, besides, moreover

❶ in additionは、肯定的または中立的なコメントを追加する場合に使う。also, further, furthermoreも同様に使う。

❷ moreoverは、一般的に否定的なコメントを追加する場合に使う。ルールとまでは言えないが、英語を母語とする人たちはこのように使うことを好む。

❸ besidesとin addition to（ともに動詞-ing形の前に置く）は、前半と後半の2つの部分からなるセンテンスの文頭で使われ、追加される情報や事実はセンテンス後半に導入される。なお、besidesがその前の文で示された情報に新たな情報を追加するために、文頭で使われることはない。

❹ as well (as)はalsoと同じ意味を持つ。as well asが動詞-ing形で始まる語句の前に置かれることがある。また、alsoではなくas wellが文末に置かれることもある。

	○ 良い例	× ❶❷ 推奨できない例 ❸❹ 悪い例
❶ ❷	This software program has several interesting features. **In addition** / **Also** / **Furthermore**, the cost is low and it is quick to learn. (このソフトウェアプログラムにはいくつかの興味深い特徴がある。加えて/また/さらに、コストが低く、すぐに習得できる)	This software program has several interesting features. **Moreover**, the cost is low and it is quick to learn. (同)
❶ ❷	This software program has very few useful features. **Moreover**, the cost is very high and it is not quick to learn. (このソフトウェアプログラムには便利な機能がほとんどない。さらに、コストが非常に高く、簡単には習得できない)	This software program has very few useful features. **Further** / **In addition**, the cost is very high and it is not quick to learn. (同)

❸	**Besides / In addition to** hav**ing** several interesting features, this program is also economical.（このプログラムは、いくつかの興味深い機能を備えていることに加えて、経済的でもある）	This software program has several interesting features. **Besides**, the cost is low and it is quick to learn.（このソフトウェアプログラムはいくつかの興味深い機能を備えている。その上、コストが低く、すぐに習得できる）
❸ ❹	**In addition to / Besides / As well as** teach**ing** English, she **also** teaches French.（彼女は、英語だけではなくフランス語も教えている）	**In addition / Besides / As well to teach** English, she **also** teaches French.（同）
❹	She teaches French **as well.**（彼女はフランス語も教えている）	She teaches French **also.**（同）
	She teaches French **as well as** English.（彼女は英語だけでなくフランス語も教えている）	She teaches French **also** English.（同）

13.3 否定文でのalso, as well, too, both, all

also, as well as, too, both, allは否定文ではあまり使われない。否定文で使うときは以下のルールに従う。

❶ also, as well as, tooの代わりにneither, norを使う。
❷ bothの代わりにneitherを使う。
❸ 対比を示すときだけは、bothを使うことができる。
❹ allの代わりにanyを使う。

	○ 良い例	× 悪い例
❶	X did **not** function and **nor/neither** did Y.（Xは機能せず、またYも機能しなかった）	X did **not** function and **also** Y.（同）
❶	Little is known about what truly matters in searching for information, **nor** what strategies users exploit.（情報検索において本当に重要なことは何かも、またユーザーがどのような戦略をとっているのかも、ほとんど知られていない）	Little is known about what truly matters in searching for information, **as well as** what strategies users exploit.（同）

②	**Neither** of them **functioned** as required.（どちらも要求どおりの機能を果たすことができなかった）	**Both** of them **did not function** as required.（同）
③	We did **not** use **both** of them, just one of them.（我々はその両方使ったわけでない。片方だけを使った）	We did **not** use **either** of them, just one of them.（同）
④	There were **no** high scores in **any** of the tests.（どのテストでも高得点はなかった）	There were **no** high scores in **all** the tests.（同）

13.4 although, even though, even if

① even ifは仮定するときにのみ使われ、一般的にはセカンドコンディショナル（仮定法過去）の文中で使われる（➔9.2節）。also ifという表現は存在しない。

② even thoughはalthoughと同じ意味を持つ。これらは現実の状況に言及するときに使われ、現在時制の中で使われることが一般的だ。thoughも同じ意味を持つが、学術的な文章では文頭に置かれることはない。even thoughは、文中ではなく文頭に置かれることが多い。

① even if	② even though/although
Even if I was the President of the United States ….（たとえ私がアメリカの大統領であっても～）	**Even though** researchers don't earn much money, at least they get to travel a lot.（研究職の人たちは収入が低いけれど、少なくとも多くの場所を訪れることができる）
Even if the book were available in English (it is currently only in Spanish), nobody would read it.（たとえこの本の英語版が入手できても［現在はスペイン語版のみ］、誰も読まないだろう）	**Even though** / **Although** the book is essentially for children, adults still love to read it.（その本はもともと子ども向けの本だが、大人も読みたがる）

13.5 and, along with

① 項目を3つ以上列記する場合、andの前にコンマを挿入する。これは、andが最後の項目を導入していることを読者に知らせるためだ。

② 複数の要素を含む項目をいくつも列記する場合、セミコロンやコンマを使って

andがどの要素とどの要素を結合しているのかを明確にする。

③ 同じ文中で何度もandが使われている場合は、その文を書き換えることを検討しよう。または、along withやtogether withを使って意味を明確にする。

④ along withの後には名詞が続く。また、along withはin addition to（➔**13.2節**）の意味で文頭に置くことができる。besides（➔**13.2節**）も同じ意味を持ち、名詞や動詞とともに使われる。

	○ 良い例	× 悪い例
①	These countries include Tajikistan, Uzbekistan, **and** Kyrgyzstan.（タジキスタン、ウズベキスタン、キルギスなどの国々が含まれる）	These countries include Tajikistan, Uzbekistan **and** Kyrgyzstan.（同）
②	The following groups of countries will be involved in the project: Tunisia and Egypt; Vietnam and Laos; Peru and Chile; and Poland and Estonia.（以下の国々が共同でプロジェクトに参加する予定だ：チュニジアとエジプト、ベトナムとラオス、ペルーとチリ、そしてポーランドとエストニアだ）	
③	I could visit your lab in **January**. I could also come in **February and March** if my professor agrees.（1月に研究室をお伺いすることができます。教授の承諾があれば2月と3月にもお伺いすることができます）	I could visit your lab in **January and February and March** if my professor agrees.（教授の承諾があれば、1月と2月と3月に研究室をお伺いすることができます）
③	A and B, **along with** C and D, are the most used solutions.（AとBも、CとD同様に最もよく使われる溶液だ）	A **and** B **and** C **and** D are the most used solutions.（AとBとCとDが最もよく使われる溶液だ）
④	**Along with / Besides** Spanish and Chinese, English is the most spoken language in the world.（スペイン語と中国語と同様に、英語は世界で最も話されている言語の一つだ）	**Along with** speaking English, she also speaks Hindi and Arabic.（彼女は、英語の他にヒンディー語とアラビア語も話す）

13.6 ［as＋動詞］,［as＋主語＋動詞］

① asが関係代名詞として使われ、その後に代名詞や名詞を伴わない場合、「ような」や「ように」を意味するlikeやhowと同様の意味を持つ。

❷ asを接続詞として使い、その後に代名詞（主にit）や名詞が続くと、理由を示すbecauseやsinceと同様の意味になる。

❶ as＋動詞	❷ as＋主語＋動詞
This is not true, **as is** evident from the figure. (図から明らかなように、これは正しくない)	This is not true, **as/because it is** impossible to prove that X = Y. (X=Yを証明することができないので、これは正しくない)
As mentioned above and **as can** be seen in the figure .... (前述したように、そして図からもわかるように～)	These experiments were not performed **as/because it would** have required too much additional computing power. (これらの実験は、あまりにも多くの追加の計算能力を必要としたので、行われなかった)

13.7 as, like, unlike

❶ asは、あるものが他のものと等しいという意味で使われる。

❷ likeは、～に似ているという意味を持つ。

❸ unlikeは対比を示すときに使う。differently fromという表現は存在しないので、代わりにunlikeを使おう。

❶ as	❷❸ like, unlike
He works **as** a researcher in Paris. (彼はパリで研究員として働いている) ＊彼＝研究員、を意味する。	She works **like** a slave for her boss. (彼女は上司の奴隷のように働いている) ＊彼女＝奴隷、というわけではない。
Diabetes acts **as** a significant risk factor for many physical diseases. (糖尿病は多くの身体疾患の重要な危険因子だ) ＊糖尿病＝危険因子、を意味する。	Xerostomia: A symptom that **acts like** a disease. (口腔乾燥症は一見、病気のような症状だ) ＊口腔乾燥症＝病気、というわけではないが、病気に至ることもある症状。

As with copper and iron techniques, lead substitution failed to demonstrate growth patterns in G. cirratum and C. altimus vertebrae. (銅や鉄の技術と同様に、鉛を置換してもコモリザメとハビレの脊椎の成長パターンを証明することはできなかった) ＊鉛は銅や鉄と同じように作用する。	Zinc, **unlike copper and iron**, fails to stimulate lipid peroxidation in vitro. (亜鉛は、銅や鉄と異なり、インビトロで脂質過酸化反応を刺激することができない) ＊亜鉛は銅や鉄と同じようには作用しない。

13.8 as, because, due to, for, insofar as, owing to, since, why

❶ becauseは因果関係を示し、whyは理由や解説を示す。

❷ becauseを文頭に置いて何かをする理由を説明することは可能だが、正式な英語では通常、since, as, seeing as, given that, given the fact that, on account of the fact that, due to the fact thatなどを文頭で使う。また、in order toやso thatを使うこともできる。

❸ due toとowing toはbecause ofと同じ意味で、その後に名詞が続く。owing toは文頭でのみ使用される傾向がある。

❹ reasonを含む語句には、due toやbecause ofではなくforを使うことが多い。

❺ due to the fact thatとowing to the fact thatは、［主語＋動詞］構造の前に置かれる。

❻ insofarasとinasmuchas（insofar as, in so far as, inasmuch as, in as much asとも書く）を文頭に置いて、becauseやdue to the fact thatの代わりに使うことができる。しかし、やや古く感じる。

	○ 良い例	○ 他の良い例
❶	This battery may explode when used with a third-party power supply. This is **because** the battery is highly inflammable and this is **why** it should not be used in children's toys. (この電池を他社製の電源で使用すると爆発する可能性があります。それはこの電池が非常に引火しやすいからであり、したがって子どものおもちゃには使用しないでください)	This battery may explode when used with a third-party power supply. This is **due to the fact that** the battery is highly inflammable and this is **the reason [why]** it should not be used in children's toys. (同)

❷	**Because** they wanted total control, the revolutionary party enacted a series of drastic reforms.（革命党は完全な支配を望んでいたため、一連の抜本的な改革を実施した）	**As / Since / Given that / On account of the fact that** they wanted total control, the revolutionary party enacted a series of drastic reforms.（同） = **In order to** have total control …. = **So that** they would have total control ….（同）
❸	This accident was **due to** an electrical fault.（この事故は電気系統の故障が原因だった）	**Owing to** an electrical fault there was an accident.（電気系統の故障のために事故が起きた）
❹	The evolution of the Internet did not occur homogeneously around the world, **for** obvious historical, economic and political **reasons**. Moreover, **for reasons** of space we can only mention the ….（インターネットの発達は、明らかに歴史的、経済的、政治的な理由により、世界中で同様に起きたわけではない。さらに、紙面の都合で、我々が言及できるのは～）	
❺ ❻	**Due to the fact / Owing to the fact** we only had a limited budget, it was decided to use the cheapest version.（予算に限りがあったので、最も安いバージョンを使うことにした）	**Inasmuch as** we only had a limited budget, it was decided to use the cheapest version.（同）

13.9 both...and..., either...or...

これらの表現は混同されることが多く、読者にとっては曖昧だ。

❶ both…and…は、対象を2つとも含むことを意味する。

❷ either…or…は、二者択一であることを意味する。either…either…という使い方はない。

❸ bothを否定文中で使うのは、対象を対比させるときだけだ。

❹ not…either…or…は、どの選択肢も選べないことを表す。

❺ 前置詞の位置で意味が変わる。

	○ 良い例	× 悪い例
❶	We can go to **both** Iran **and** Jordon. (我々はイランにもヨルダンにも行くことができる) ＊2つの場所を訪問する予定。	We can go **either** Iran **either** Jordon. (同)
❷	We can go to **either** Iran **or** Jordon. (我々はイランかヨルダンに行くことができる) ＊2つの選択肢のうち、1つしか行けない。	We can go **or** to Iran **or** Jordon. (同)
❸	We ca**n't** go to **both** Iran and Jordon, but only to Iran. (我々はイランとヨルダンの両方には行けないが、イランには行ける) ＊1つの場所にしか行けない。	
❹	We ca**n't** go **either** to Iran **or** Jordon. (我々はイランにもヨルダンにも行けない) ＊これら2つの場所のどちらにも行くことができない。	We ca**n't** go **neither** to Iran **nor** Jordon. (同)
❺	We had fun **in both** the parks we visited and also the museums. (我々は訪れた2つの公園で楽しみ、また博物館でも楽しんだ) ＊公園は2ヵ所訪れた。	
❺	We had fun **both in** the parks and the museums. (我々は公園と博物館で楽しんだ) ＊数は定かではないが、いくつかの公園といくつかの博物館を訪れた。	

13.10 e.g.とfor example

❶ for exampleを実例の前に置くときは、for exampleの前と実例の後にコンマを打つ。

❷ for exampleを実例の前ではなく後に置く場合、for exampleの前後にコンマを打つ。また、for exampleは文末に置かない。

❸ e.g.は、文中で情報を括弧に入れて列挙するときに役立つ。

❹ such asとfor exampleを同時に使わない。どちらか一方を使う。

❺ 通常、研究論文ではfor instanceとlikeは使用されない。for exampleを使う。

	○ 良い例	× 悪い例
❶	Whenever you use your PIN, **for example to get money from an ATM,** do not let anyone see you. (ATMからお金を引き出すときなど、暗証番号を使うときは、誰にも見られないようにしてください)	Whenever you use your PIN **for example** to get money from an ATM do not let anyone see you. (同)
❷	Many governments are in crisis. In Venezuela, **for example,** the government is facing .... (多くの政府が危機に瀕している。例えばベネズエラ政府は～に直面している)	Many governments are in crisis. In Venezuela **for example** the government is facing .... (同) Many governments are in crisis. In Venezuela the government is facing big problems with the unions, **for example**. (多くの政府が危機に瀕している。例えばベネズエラでは、政府は労働組合との間で大きな問題に直面している)
❸	When you use a PIN (**e.g.** to get money from an ATM, to pay for online purchases) ensure that .... (暗証番号を使うときは［例：ATMからお金を引き出す、オンラインショッピングで支払う］、必ず～してください)	When you use a PIN **e.g.** to get money from an ATM, to pay for online purchases ensure that .... (同)
❹	We have collaborations with universities in many countries in Europe, **for example** France and Spain. (我々は、フランスやスペインなどヨーロッパの多くの国の大学と連携している)	We have collaborations with universities in Europe, **such as for example** France and Spain. (同)
❺	We have given poster sessions at conferences in many countries in Europe, **for example** France and Spain. (我々は、フランスやスペインなどのヨーロッパの多くの国の学会でポスター発表を行ってきた)	We have given poster sessions at conferences in many countries in Europe, **like** France and Spain. (同)

13.11 e.g., i.e., etc.

❶ e.g.（例えば）やi.e.（すなわち）は、その直後にコンマを打つ必要はない。

❷ e.g.やi.e.は、単にegやieと書くこともあるが、簡略化すると英語を母語としな

い読者には理解しにくいかもしれない。

❸ e.g.は、その直前に言及したことの実例を紹介するときに使う。

❹ i.e.は、その直前に言及したことのより詳しい説明や定義を続けるときに使う。

❺ e.g.とi.e.は混同されがちだ。読者がその違いをよく知らないと思われる場合は、それぞれをfor exampleとthat is to sayで書き換えよう。

❻ for exampleやe.g.を使って実例を列挙する場合、最後にetc.を置かない。

❼ 可能であれば、単にetc.で済ますのではなく、詳細で具体的な例を挙げよう。

❽ 文末のetc.のピリオドは1つだけでよい。

	○ 良い例	× 悪い例
❶	Several authors, **e.g.** Schmidt, Si, and Hurria, have investigated this problem. (例えばシュミット、シー、フリアら、何人かの著者がこの問題を調査している)	Several authors, **e.g.,** Schmidt, Si, and Hurria, have investigated this problem. (同)
❷	Several foods produce very strong allergies (**e.g.** eggs, nuts, wheat) .... (いくつかの食品［例：卵、ナッツ、小麦］が、非常に強いアレルギー反応を引き起こす)	Several foods produce very strong allergies (**eg** eggs, nuts, wheat etc.) .... (同)
❸	This is true in at least ten countries, **e.g.** Spain, Japan and Togo. (これは例えば、スペイン、日本、トーゴなど少なくとも10ヵ国に当てはまる)	This is true in at least ten countries, **i.e.** Spain, Japan and Togo. (これは少なくとも10ヵ国、すなわちスペイン、日本、トーゴに当てはまる)
❹	The UK is made up of four countries, **i.e.** England, Scotland, Wales and N. Ireland. (イギリスは4つの国、すなわちイングランド、スコットランド、ウェールズ、北アイルランドで構成されている)	The UK is made up of four countries, **e.g.** England, Scotland, Wales and N. Ireland. (イギリスは4つの国、例えばイングランド、スコットランド、ウェールズ、北アイルランドで構成されている)
❺	The UK is made up of four countries, **that is to say** England, Scotland, Wales and N. Ireland. (同)	
❻	This is true in at least ten countries, **e.g.** Spain, Japan and Togo. (これは例えば、スペイン、日本、トーゴなど少なくとも10ヵ国に当てはまる)	This is true in at least ten countries, **e.g.** Spain, Japan, Togo, **etc.** (同)

7	This is true in many nations (Honduras **and other Central American countries**) and has very serious consequences.（これは多くの国［ホンジュラスや他の中米諸国］に当てはまり、非常に深刻な影響をもたらしている）	This is true in many nations (Honduras **etc.**) and has very serious consequences.（これは多くの国［ホンジュラス他］で真実であり、非常に深刻な影響をもたらしている）
8	This is true in at least ten European countries: France, Belgium, Sweden **etc.**（これは少なくともヨーロッパの10ヵ国に当てはまる。例えばフランス、ベルギー、スウェーデンなどだ）	This is true in at least ten European countries: France, Belgium, Sweden **etc.**.（同）

13.12 for this reason, for this purpose, to this end

1. for this reasonは、その直前に言及した状況を背景にして、何が起きたのかを説明する。
2. for this purposeとto this endは、その直前に言及した目的を、どのように達成したかを説明する。どちらも同じ意味で使われる。

1 for this reason	2 for this purpose, to this end
They wish to improve their English. **For this reason**, they are studying ten hours a day.（彼らは英語を上達させたいと願っている。そのため、1日に10時間の勉強をしている）	Our aim was to achieve higher performance. **For this purpose** we built an ad hoc device to provide increased power.（我々はより高いパフォーマンスの実現を目指した。この目的のために、増加させた電力を供給するための特別な装置を作った）
The patient was suffering from amnesia, **for this reason** it was difficult to question him directly on the circumstances of the accident.（患者は記憶喪失になっていた。そのため、事故の状況について直接聞くことは難しかった）	It is now considered expedient to purge bone marrow of tumor cells prior to returning it to the patient, and **to this end** a variety of techniques have been developed.（現在では、骨髄を患者に戻す前に腫瘍細胞を除去することが効果的とされており、この目的のためにさまざまな技術が開発されている）

13.13 the former, the latter

❶ the formerとthe latterは、それぞれが指す内容を読者が完全に理解している場合にのみ使う。キーワードを繰り返すことは、話の筋を読者が正確に追えるため、悪いスタイルではない。

❷ the formerとthe latterが何に言及しているのか明解でないことがある。例えば、3つの要素があり、the latterが3番目の要素だけを指すのか、それとも2番目と3番目の要素を指すのかが不明瞭なときだ。

❸ 長い文章では、前述されたことを読者が忘れてしまうおそれがある。

	○ 良い例	× 何に言及しているか不明瞭
❶	**Lagos** and Khartoum are the capital cities of Nigeria and Sudan. **Lagos** has a population of …. (ラゴスはナイジェリア、ハルツームはスーダンの首都だ。ラゴスの人口は～)	**Lagos** and Khartoum are the capital cities of Nigeria and Sudan. **The former** has a population of …. (ラゴスはナイジェリア、ハルツームはスーダンの首都だ。前者は人口が～)
❷	In this recipe we used potatoes, carrots and beans. This is common practice with this kind of cooking. **The beans** can, of course, be steamed. (このレシピでは、ジャガイモ、人参、豆を使いました。この種の料理では一般的です。もちろん、豆は蒸してもいい)	In this recipe we used potatoes, carrots and beans. This is common practice with this kind of cooking. **The latter** can, of course, be steamed. (このレシピでは、ジャガイモ、人参、豆を使いました。この種の料理では一般的です。もちろん、後者は蒸してもいい)

❸	Such an unsolicited bandwidth request can be **incremental** or **aggregate**. If it is **aggregate**, the X indicates the whole connection backlog. Blah blah blah blah blah blah blah blah blah blah blah blah blah blah blah blah blah blah. On other hand, if it is **incremental**, the X indicates the difference between its current backlog and the one carried by its last bandwidth request. (要請されていない帯域幅の要求は、増加型か集約型のどちらかだ。もし集約型であれば、Xは接続全体のバックログを示す。…(略)…。一方、もし増加型であれば、Xは現在のバックログと前回の帯域幅要求時のバックログとの差を示す)	Such an unsolicited bandwidth request can be incremental or aggregate. In **the latter** case, the X indicates the whole connection backlog. Blah blah blah blah blah blah blah blah blah blah blah blah blah blah blah blah blah blah. In **the former** case, the X indicates the difference between its current backlog and the one carried by its last bandwidth request. (要請されていない帯域幅の要求は、増加型か集約型のどちらかだ。もし後者であれば、Xは接続全体のバックログを示す。…(略)…。前者であれば、Xは現在のバックログと前回の帯域幅要求時のバックログとの差を示す)

13.14 however, although, but, yet, despite, nevertheless, nonetheless, notwithstanding

❶ 前述の情報を補足したり新情報を加えたりするときにhowever、またはややフォーマルさに欠けるがbutを使う。文頭ではbutよりもhoweverが優先的に使われる。howeverの直後に必ずしもコンマを置く必要はない。文中で使うときはその前後にコンマを置くこともある。nonethelessとneverthelessは同義語で、howeverと同じ意味を持つ。

❷ yetにはbutやhoweverと同じ意味があるが、より強い驚きのニュアンスを持つ。stillにも同じような意味がある。

❸ despiteとnotwithstandingの後に、[主語+動詞]の構造を持つ節を直接続けることはできない。この場合、[the fact that+主語+動詞]の構造を使う。このように、despiteとnotwithstandingは使い方が複雑なので、butやhowever, althoughを使うのがよいだろう。

❹ 文末に使えるのは、however, nevertheless, nonethelessのみだ。多くの例文で示されているように、although(➔**13.4節**)が文全体を修飾するために使われることがある。ただし、コンマとコンマの間、動詞の直前、文末では使えない。

❺ howeverとnevertheless/nonethelessは文頭で使用でき、その後にコンマを打つのが基本だ（➔**13.15節**）。

	○ 良い例	○ 他の良い例	× 悪い例
❶	The system costs very little to implement, **but** / **however** / **nevertheless** / **although** it is very complicated to use.（このシステムの施行にはほとんど費用はかからないが、使い方が非常に複雑だ）	**However** / **Nevertheless**, it is very complicated to use.（しかし/それにもかかわらず、使い方が非常に複雑だ） It is, **however** / **nevertheless**, very complicated to use.（同）	The system costs very little to implement, **despite** / **notwithstanding** it is very complicated to use.（このシステムの施行にはほとんど費用はかからないが、使い方が非常に複雑だ）
❷	Governments know this is a problem, **yet** they do nothing about it.（政府はこれが問題であることを知っていながら、まだ何もしていない）	**Although** governments know this is a problem, they **still** do nothing about it.（同）	Governments know this is a problem, **despite** they do nothing about it.（政府はそれについて何もしていないが、問題であることは知っている）
❸	**Despite** being cheap, the system works well.（システムは、安価であるにもかかわらず、うまく機能している）	**Although** the system is cheap, it works well.（同）	**Although** / **Notwithstanding** being cheap, the system works well.（同）
❸	**Despite the fact** / **Notwithstanding the fact that** the system is cheap, it is very effective.（システムは、安価であるにもかかわらず非常に効果的だ）	**Although** the system is cheap, it is very effective.（同）	**Despite** / **Notwithstanding** the system is cheap, it is very effective.（同）
❸	**Despite** / **Notwithstanding** the cheap price, the system works well.（システムは、安価であるにもかかわらずうまく機能している）	The system works well **despite** its low cost.（同）	**Despite** the cost is cheap, the system is very effective.（システムは、安価であるにもかかわらず非常に効果的だ）

❸ ❶	The system works well, **nevertheless** it is rather complicated. (システムはうまく機能しているが、かなり複雑だ)	The system works well, **however** it is rather complicated. (同)	The system works well, **notwithstanding** it is rather complicated. (同)
❹	The system took only two days to develop, and it works well **nonetheless.** (このシステムは開発に2日しか要しなかったが、にもかかわらずうまく機能している)	The system was designed and … it works well **however.** (システムは設計され、～しかしながらうまく機能している)	The system was designed and … it works well **despite** / **although.** (同)
❺	The system is cheap. **However**, it is difficult to implement. (そのシステムは安価だ。しかしながら、導入するのは難しい)	The system is cheap. **Nevertheless** / **Nonetheless**, it is difficult to implement. (そのシステムは安価だ。それにもかかわらず、導入するのは難しい)	The system is cheap. **Notwithstanding** / **Despite**, it is difficult to implement. (同)

13.15 howeverとnevertheless

❶ howeverとneverthelessの間には非常に微妙な違いがある。howeverは追加の観察や情報を足すために使う。neverthelessは、新しい情報を加えることよりも、先に述べられた内容に対して強く強調したり反対の意見を述べたりすることに焦点を当てている。基本的に、2つの文の間に因果関係がある場合はneverthelessを、そうでない場合はhoweverを使う。

❶ however

Fewer men now seem to see career success as a central life interest around which other life activities are subordinated, **however** for many women the opposite is often true. (近頃は、キャリアの成功を人生の中心事と捉え、他の日常生活よりも優先させる男性は少ないようだ。しかし、多くの女性にとっては往々にしてその逆が真である)
＊キャリアにこだわる男性が減ったという事実とそうでない女性が増えたという事実の間に、直接的な関係はない。したがって、ここでneverthelessを使うことはできない。

We didn't discuss your paper. **However**, we did mention the possibility of you working in their lab. (私たちはあなたの論文については検討しませんでした。しかし、あなたが彼らの研究室で働くことのできる人であることはしっかりと伝えました)

❶ nevertheless

Studies indicate that stress from working long hours causes high blood pressure, **nevertheless** / **despite this** companies still insist on their employees working up to 60 hours per week. (長時間労働に起因するストレスが高血圧を引き起こすという研究結果がある。それにもかかわらず、企業は社員に週60時間に及ぶ労働を強いている)
＊長時間労働が健康を害するという事実と、それでも週に60時間も働き続けているという事実の間には直接的な関係がある。ここではhoweverも使うことができるが、対比は弱くなる。

We didn't discuss your paper. **Nevertheless**, there will be many other opportunities to talk about it. (私たちはあなたの論文については検討しませんでした。ですが、あなたの論文について話す機会は他にたくさんあるでしょう)

13.16 in contrast to, compared to, by comparison with

❶ in contrast toは、言及している違いが著しいときや意外なときに使う。
❷ それ以外は、compared to/withやby comparison withを使う。

❶ in contrast to

In contrast to what was previously observed by Heimlich [2], our results showed an opposite trend. (ハイムリック［2］が以前観察した結果とは対照的に、我々の結果は逆の傾向を示した)

❷ compared to, by comparison with

Compared to Smith's results, our results are somewhat disappointing. (スミスの結果と比較すると、我々の結果はやや期待外れだ)
= Our results are somewhat disappointing **by comparison with** Smith's.

In contrast to Hill's top-down approach [Hill, 2015], we start from the bottom layer.（ヒルのトップダウンアプローチ［Hill, 2015］とは対照的に、我々はボトムレイヤーから始める）	**Compared to** the old technology, the new technology offers several new features.（この新技術は、これまでの旧技術と比較していくつかの新機能を備えている）

13.17 instead, on the other hand, whereas, on the contrary

❶ 前文で指摘した問題の解決方法を述べるとき、文頭にinsteadを置く。

❷ 新しいトピックの導入にはon the other handを使う。たとえ新しいトピックが前文のトピックと何らかの関係を持つ場合でも、insteadは使わない。

❸ on the other handは、前述の情報の代替案を示したり情報を追加したりする場合に使う。このような状況でwhereasは使えない。

❹ on the other handとwhereasは、どちらも対比を示すために使われるが、whereasは対比が極めて強いという印象を読者に与える。whereasは通常、文頭では使わない。

❺ on the other handを、対比する文脈ではないところに新情報を単に導入するために使わない。

❻ on the contraryは、他の著者が述べたことを完全に否定する場合にのみ使う。

	○ 良い例	× 悪い例
❶ ❻	Do not join two independent clauses with a semicolon. **Instead**, make two simple separate sentences.（2つの独立節をセミコロンでつなげない。代わりに、2つの単文に分ける）	Do not join two independent clauses with a semicolon. **On the contrary**, make two simple separate sentences.（同）
❷	Italian and Spanish are similar languages, in fact they both derive from Latin. **On the other hand**, German is derived from ….（イタリア語とスペイン語は似た言語だが、実際、どちらもラテン語から派生している。一方、ドイツ語は～から派生した言語だ）	Italian and Spanish are similar languages, in fact they both derive from Latin. **Instead**, German is derived from ….（同）

❸	The conference may be held in Jordon, **on the other hand** it may be held in Egypt. (会議はヨルダンで開催されるかもしれないが、一方で、エジプトで開催される可能性もある)	The conference may be held in Jordon, **whereas** it may be held in Egypt. (同)
❹	This year the conference is being held in Prague, **whereas** last year it was held on the other side of the globe in Sydney. (今年の会議はプラハで開催されているが、昨年は地球の反対側のシドニーで開催された)	This year the conference is being held in Prague, **on the other hand** last year it was held on the other side of the globe in Sydney. (同)
❹	Italian and Spanish are similar languages, **whereas** German is completely different. (イタリア語とスペイン語は似た言語だが、ドイツ語はまったく異なっている)	Italian and Spanish are similar languages. **Whereas** German is completely different. (同)
❹	We found that x = 1, **whereas [on the other hand]** Smith et al. reached a very different conclusion that x = 2. (我々はx=1であることを発見したが、一方で、スミスらはx=2というまったく異なる結論に達した)	
❺	Much research has been carried out in the US on using sea animals as models for robots. **In addition / Furthermore**, new developments have been made in Japan with local species. (海洋動物をロボットのモデルとして利用する研究がアメリカで盛んに行われている。さらに、固有種を使った新しい研究が日本で行われている)	Much research has been carried out in the US on using sea animals as models for robots. **On the other hand**, new developments have been made in Japan with local species. (同)
❺ ❻	Italian and Spanish are similar languages, in fact they both derive from Latin. German, **on the other hand**, is derived from …. (イタリア語とスペイン語は似た言語だが、実際、どちらもラテン語から派生している。一方、ドイツ語は～から派生した言語だ)	Italian and Spanish are similar languages, in fact they both derive from Latin. German, **instead / on the contrary**, is derived from …. (同)

❻ ❹	Smith [2013] states that governments must intervene in such cases. We believe, **on the contrary**, that they absolutely must not intervene. (スミス [2013] は、このような場合は政府が介入しなければならないと述べている。逆に我々は、政府は絶対に介入してはならないと考えている)	Smith [2013] states that governments must intervene in such cases. We believe, **whereas**, that they absolutely must not intervene. (同)

13.18 thus, therefore, hence, consequently, so, thereby

❶ thus, therefore, consequently, so, henceはすべて同じ意味を持つ。これらは、直前に述べられたことの結果を示すために使われる。ただし、soはインフォーマルな表現とみなされるため、あまり使われない。

❷ henceは、論理的な説明が重要な数学で使われることが多い。

❸ thereby（これにより）はin such a wayという意味だ。従属節の中でしか使われず、その後に動詞が続く。

	○ 良い例	○ 他の良い例
❶	Researchers do not have much time to read papers. **Consequently**, it makes sense to write papers in a way that they can understand quickly and easily. (研究者には論文を読む時間があまりない。そのため、研究者が早く簡単に理解できるような論文を書くことは理にかなっている)	Researchers do not have much time to read papers. **Therefore** / **Thus**, it makes sense to write papers in a way that they can understand quickly and easily. (同)
❶	**Thus** the best way to write a paper is to use short sentences. (したがって、論文を書くのに最適な方法は、簡潔な文章を書くことだ)	The best way to write a paper is **thus** to use short sentences. (同)
❶ ❷	Note that the right-hand side of equation (2) equals r(p)v(x) + [3]. **Hence**, equation (2) reduces to equation (1) if .... (なお、式(2)の右辺はr(p)v(x)＋[3]に等しい。したがって、式(2)は、もし～であれば式(1)に簡素化できる)	The square of the slope of the beam can be neglected in comparison with unity, **thus** equation (1) reduces to an ordinary linear equation. (梁の勾配の2乗が1と比較して無視できるほど小さいため、式(1)は通常の一次方程式に簡素化できる)

① ③	Love promotes well-being **thereby** enabling people to live better lives.（愛は幸福を促進し、それによって人々はより良い生活を送れるようになる）	Love promotes well-being **thus** enabling people to live better lives.（同）

13.19 文中でand, but, both, orを使って単語を省略する

and, but, both, orを使うことで、次のような単語を省略することができ、不必要な繰り返しを避けることができる。

① 名詞、代名詞、冠詞、所有形容詞、thisやthoseなどを省略する
② 動詞を省略する
③ 前置詞を省略する

	○ 良い例	○ 良い例
①	We measured **and ~~we~~** calculated the values.（我々は測定を行ってその値を算出した）	We extracted **~~the fluid~~ and** then froze the fluid.（我々は液体を抽出して凍らせた）
①	Give me your name **and ~~your~~** address.（あなたの名前と住所を教えてください）	We need those books **and ~~those~~** papers.（我々はそれらの本と論文を必要としている）
①	The sample can be introduced into the furnace using either a chromatographic **~~pump~~ or** a peristaltic pump.（クロマトグラフポンプまたはペリスタルティックポンプのいずれかを使って、試料を炉内に入れることができる） ＊chromatographic pump or a peristaltic oneと表現しないこと。	
① ③	Is it a theoretical **~~problem~~ or ~~a~~** practical problem?（それは理論的な問題ですか、それとも実践的な問題ですか？）	These can be found both in animals and **~~in~~** humans.（これらは動物にも人間にも見られる）
②	The flame was low **but ~~it was~~** steady.（炎は弱かったが安定していた）	This is an expensive **~~way~~ but ~~it is an~~** effective way of reducing pollution.（これは高価だが、汚染を減少させる効果的な方法だ）

❸	This disease is predominantly found in the Sudan **and ~~in~~** Chad. （この病気は、主にスーダンとチャドで見られる）	These findings were true for adults **and ~~for~~** children. （これらの研究結果は大人にも子どもにも当てはまった）

第14章

副詞と前置詞：already, yet, at, in, of

14.1 above, below, over, under（上、下）

❶ 論文の中でaboveとbelowはセンテンスやパラグラフ、図表を指すときによく使う。水準、一覧、平均、階層を示すときにも使う。

❷ overはcover（覆う）と共通する意味を持ち、通常、2つの要素の間に物理的な接触がある。

❸ overにはmore than（超）と、underにはless than（未満）と共通する意味がある。

❹ underはin conformance with（に準拠して）の意味にもなる。

❺ above all（何ものにもまして）とover all（全面に）は混同しやすいので注意しよう。

	above, below	over, under
❶❷	As mentioned **above** there are three main methods, which are summarized in the table **below**:（上で示したように、主な方法は3つあり、以下の表にまとめた：）	A sheet was placed **over** the patient's body.（患者の体の上にシーツをかぶせた）
❶❸	Pisa is 50 m **above** sea level which is **below** the national average for Italian cities.（ピサの標高は50mで、この数値はイタリアの都市の全国平均を下回る）	Only children **over** the age of 13 were considered in the sample. Those **under** 12 years of age will be the subject of a future investigation.（13歳を超えた子どもだけを対象とした。12歳未満については今後の調査の対象となる）
❹		**Under** the new regulations, all such documents have to be filed **under** 'funds'.（新たな規制に基づき、そのような書類はすべて「資金」のファイルに保存しなければならない）

❺	Many points need to be considered, **above all** age and sex.（多くの点、とりわけ年齢と性別について考慮する必要がある）	**Overall**, our results can be considered as an important step towards finding a cure for this endemic disease.（全体的に見て、我々の研究結果はこの風土病の治療法を発見する上で重要なステップとなり得る）

14.2 across, through（横切る）

❶ acrossは、平面上を横切る動きを意味する。
❷ throughは、通り抜ける動きを意味する。
❸ acrossは、範囲を超越することを意味する場合もある。
❹ throughは、手段（によって）を示すこともできる。

	across	through
❶❷	They swam **across** the river.（彼らは川を泳いで渡った）	The train went **through** the tunnel.（電車はトンネルを走り抜けた）
❶❷	They walked **across** the road.（彼らは道を横断した）	The sample was filtered **through** a very fine mesh.（標本を微細なメッシュに通してろ過した）
❸❹	Our method can be applied **across** disciplines.（我々の方法は分野を超えて応用可能である）	We learnt this **through** lengthy research.（長く続いた研究を通してこれを学んだ）

14.3 already, still, yet（もう、まだ）

❶ alreadyは、過去のある時点を意味する。alreadyとjustは混同しやすい。justはごく最近に起こったこと（例えば数秒前など）について使う。例：We have just arrived at the airport.（ちょうど空港に着いたところだ）
❷ yetは、肯定文にも否定文にも使うことが可能で、過去の出来事が現在まで続いていることを表す。
❸ stillは、yetと基本的に同じ意味だが強調を生む。状況が変化していないことを示唆し、驚きや不安を暗示することもある。
❹ already, yet, stillは、過去完了とともに用いて過去に起きた2つの出来事の関係

を示すことができる。

	already	yet	still
❶❷❸	This procedure has **already** been explained elsewhere [Ying, 2013].（この手順はすでに他の研究で説明されている［Ying, 2013］）	Has our paper been reviewed **yet**?（論文はもう審査されましたか？） Your paper has not been reviewed **yet**, and is scheduled for review on 2 June.（あなたの論文はまだ審査されていません。6月2日に審査が予定されています）	We **still** haven't heard from the referees. I am worried that they never received the paper, though I suppose they are **still** in time to contact us.（査読者からまだ返事を受け取っていない。そもそも先方が論文を受け取っていないのではないかと心配だが、まだ返事をしてもらえる時間はあると思う）
❶❷❸	As **already** mentioned (see Sect 2.3), this method consists of ….（前述のとおり［2.3節参照］、この方法は～で構成される）	As **yet**, no progress has been made in this field ….（この分野での進展はこれまでのところなく～）= No progress has been made **yet**.（まだ進展はない）	Despite sustained pressure by the democratic movement, his dictatorship **still** survives intact.（民主化運動による圧力が続いているにもかかわらず、独裁政権は変わることなく続いている）
❹	We **had already seen** her presentation before so we **did not want** to go again.（彼女の発表はすでに見たことがあるので、もう一度見たいとは思わない）	When we got the conference room, the presenter **had not arrived yet.**（私たちが会議室に着いたとき、発表者はまだ到着していなかった）	Twenty minutes later, the presenter **had still not arrived.**（20分経っても、発表者はまだ到着していなかった）

14.4 among, between, from, of（区別、選択）

❶ amongは、対象のグループ分けが難しいとき、数がわからないとき、またはこれらが重要ではないときに使う。

❷ betweenは、定義や境界が明確な複数の対象に対して使う。動詞ではdecide, differentiate, discriminate, distinguish, mediate, synchronize、名詞ではagreement, comparison, difference, distinction, interaction, relationshipなどと組み合わせる。いずれも対象の数がはっきりと捉えられていることを示唆する動詞

や名詞だ。

③ fromは、動詞のchoose, pick, select、形容詞のdifferentなどと使う。

④ ofは、グループの一部である特定の要素を紹介するときに、文頭で使う。

⑤ ofは、全体から部分を抽出するときにも使う。

① among	② between
The money was divided up **among** the participants.（費用は参加者で割った）	The money was divided up **between** the three winners.（お金は勝者3人で山分けした）
Students were encouraged to discuss their assignments **among** themselves.（生徒らは自分たちで課題を話し合うように促された） = with each other（お互いに）	We found no interaction in the classroom **between** teachers and students.（教室で教師と生徒間に交流はないようだった）
Their paper discusses caste and social stratification **among** Muslims in India.（論文はインドのイスラム教徒を対象としたカーストと社会階層について論じている）	We analyse the relationships **between** Hindus and Muslims in India.（インドのヒンズー教徒とイスラム教徒の関係について分析する）
Many species have died out, **among** them X, Y and Z.（数多くの種、例えばX、Y、Zが死に絶えた）	The two parties will have to sort out the differences **between** them.（両党はお互いの相違点を整理する必要がある）

③ from	④⑤ of
Candidates will be chosen **from** diverse disciplines and then selected **from** a shortlist of 10.（候補者はさまざまな学問分野から選ばれ、その後10名の最終候補者リストから選抜される）	**Of** the three candidates we interviewed, the last was certainly the best.（面接をした3名の候補者の中で、最後の人が間違いなく一番よかった）
We selected our samples **from** a collection of 4543 items.（4,543点の収集物の中から標本を選択した）	A comparison **of** the three figures reveals that ….（3つの数値の比較は～を明らかにしている）
	Two thirds **of** tropical soils are oxisols and ultisols.（熱帯の土壌の3分の2はオキシソルとアルティソルで構成されている）
	nine out **of** ten（10のうち9）

half **of** the samples (標本の半分)

14.5 at, in, to（位置、状態、変化）

❶ atは建物や勤務地などの前に、inは町や国などの前に置く。いずれも移動は伴わない。

❷ 動詞の後のtoは方向を示す。

❸ atは、図表内の項目の位置を示すときに使う。inは、see, show, highlightなどの動詞と組み合わせて図表番号の前で使う。

❹ toは、移動、変化、一致、限界、結果を示すときにadhere, adjust, attach, attract, bind, bring, come, confine, conform, connect, consign, convey, deliver, direct, email, fax, go, lead, link, move, react, reply, respond, restrict, send, stick, supply, switch, take, tend, tie, transmit, write, yieldなどの動詞と組み合わせて使う。このルールはdelivery, modification, response, tendencyなど関連する名詞にも当てはまる。

❺ inは、equilibrium, parallel, seriesなどの状態を示す副詞の前に使う。

❻ toは、adjacent, close, contingent, contiguous, external, internal, next, orthogonal, parallel, perpendicular, tangent, transverseなど位置を示す副詞の後にも使う。

	at	in	to
❶ ❷	They arrived **at** the airport, while we were still **at** work and Pete was **at** the restaurant. (私たちがまだ仕事中で、ピートがレストランにいるときに、彼らは空港に到着した)	They arrived **in** New York, while we were still **in** China. (私たちがまだ中国にいるとき、彼らはニューヨークに到着した)	They have gone **to** Beirut for a conference. (彼らは会議のためベイルートに行っている)
❸ ❹	This can be seen **at** the top / bottom / side / edge of the figure. (これは図の上／下／横／端にある)	As can be seen **in** Figure 1, the trend is …. Also, as highlighted **in** Table 3 …. (図1にあるように、傾向は～。また、表3で強調しているように～)	This was then moved **to** the top / bottom of the list. (その後、これは一覧の上／下に移動した)

⑤ ⑥		The devices are placed **in** parallel and operate **in** a steady-state manner.（機器は平行に設置され、定常状態で作動する）	The lines are parallel **to** each other.（2本の線は平行している）

14.6 at, in, on（時間）

❶ atは、the weekend, Easter, Christmasなど、特定の期間や日時の前に使う。

❷ inは、週、月、年、世紀などの一定の期間、in the Middle Ages（中世）、in the Renaissance（ルネサンス）などの歴史的な期間、およびmeantime/meanwhile（そうしている間に）などと組み合わせて使う。

❸ onは、曜日や日にちと組み合わせて使う。ただし、weekendはon the weekendとat the weekendのどちらも使われている。

❶ at	❷ in	❸ on
The meeting is scheduled to start **at** 15.30.（会議は15時30分の開始予定だ）	The conference will be held **in** June.（会議は6月に開催される）	I will contact you **on** Monday morning.（月曜日の朝に連絡します）
We usually take our holidays **at** Easter or **at** Christmas, and of course **at** the weekend.（私たちは通常、イースターやクリスマス、そしてもちろん週末に休みをとる）	The last conference on this topic was held **in** 2012 and the previous one **in** the 1990s. The first was held **in** the 18th century.（この議題について前回の会議は2012年に、その前は1990年代に開催された。初回の会議は18世紀に開催された）	We do not work **on** Christmas Day, **on** Easter day and **on** July 4 (Independence Day).（クリスマス、イースター、独立記念日の7月4日は仕事を休む）

14.7 at, to（測定値、特性）

❶ atは、degree（度）、interval（間隔）、level（水準）、node（節点）、point（点）、pressure（圧力）、ration（配給量）、speed（速度）、stage（段階）、temperature（温度）、velocity（速度）などと合わせて使い、量や値を示す。

❷ toは、approximate（近い）、calculate（算出する）、correct（正しい）、heat（熱する）、measure（測定する）、raise（高める）などと組み合わせて計算や測定の文脈で用いる。

❸ toは、inferior（下位の）、superior（上位の）；equal（等しい）、identical（同一の）、proportional（比例した）、similar（同様の）；immune（免疫性の）、impermeable（不透過性の）、open（開放性の）、resistant（抵抗性の）、sensitive（感受性の）；according（一致した）、alternative（代替の）、analogous（類似性の）、attention（注意）、common（共通の）、comparable（匹敵する）、conformance（適合する）、compliance（従って）、correspondence（対応して）、entitlement（題する）、identical（同一の）、inferior（劣性の）、likened（なぞらえる）、open（開かれた）、opposed（対立する）、proportional（比例的な）、relative（相対性の）、relevant（関連している）、responsive（応答性の）、similar（同様の）、suited（適する）、superior（優位な）、transparent（透明な）など質や一致、類似などを示す特定の形容詞と組み合わせて使う。

	at	to
❶❷	Water boils **at** a temperature of 100 C.（水は100℃で沸騰する）	Heat the water **to** a temperature of 50 C.（水を50℃まで加熱する）
❶❷	The vehicle moves **at** a velocity of 300cm/h.（その乗り物は時速300cmで走行する）	The potassium content was approximated **to** 90 mEq/kg.（カリウム含有量はおおよそ90mEq/kgだった）
❸		Gender is common **to** all Latinate languages, but has no adherence **to** logical rules.（性の区分はラテン系の言語全体にあるものの、論理的な規則には従っていない）

14.8 before, after, beforehand, afterwards, first（時間の経過）

❶ beforeとafterは、名詞、代名詞、動詞-ing形、従属句などの前に置く。

❷ beforeやafterを副詞として使いたい場合、beforehandやafterwardsを用いる。

❸ first（第1に）の後ろには、second(ly)（第2に）またはthen（それから）がよく使われる。一連の動作の流れを列挙するときに用いる。

❶ before / after	❷ beforehand / afterwards	❸ first
Where are you going **after** the congress? (会議の後はどこに行きますか？)	We're going for a drink and **afterwards** back to the hotel. (飲みに行った後、ホテルに帰る予定です)	**First** we are going for a drink, **then** afterwards back to the hotel. (まず、飲みに行き、それからホテルに帰る予定です)
Before checking the levels, the presence of any metals should be detected. (濃度を確認する前に、金属の有無を判別すべきだ)	The solution consists in detecting the presence of metals **beforehand** and then / subsequently checking the levels. (解決方法としては、まず金属の有無を判別し、その後、濃度を確認する)	**First(ly)** we detect the metals, **secondly** we check the levels, and finally we …. (第1に、金属を検出し、第2に濃度を確認し、最後に～)
Preparations should be made **before** the mixture becomes solid. (混合物が固体になる前に薬剤を調合すべきだ)	Preparations should be made **beforehand**. (あらかじめ薬剤を調合すべきだ) = made in advance (前もって調合する)	**First** the preparations should be made, **then** the mixture should be allowed to become solid. (まず薬剤を調合し、その後、混合物が固形になるのを待つこと)

14.9 beside, next to, near (to), close to（位置）

❶ besideとnext toは、いずれも「～と並んで、～の隣に」という意味で、接触、またはほぼ接触している状態を表す。

❷ near (to)とclose toは、いずれも「近くに」の意味で、お互いの位置に少し距離があることを表す。

❸ 文末などではnearbyやclose byを使うと副詞的に「近くに」を表す。

	beside, next to	near to, close to
❶ ❷	I sat **beside / next to** her at the conference. (会議で彼女の隣に座った)	Our hotels were quite **near to / close to** each other, but on opposite sides of the river. (私たちのホテルはとても近かったが、川の対岸にあった)
❸		There was a train station **nearby / close by.** (近くに駅があった)

14.10 by, from（原因、手段、起点）

❶ byは、動作主を示すときに使う。

❷ fromは、起点を示し、arise, benefit, borrow, deduce, defend, deviate, differ, ensue, exclude, originate, profit, protect, release, remove, select, separate, shield, subtract, sufferなどの動詞の後に置く。同様に、deviation, exclusion, protectionなど、前述の動詞から派生した名詞形もfromと組み合わせて使う。

❸ byは、方法や手段も示す。

❹ fromは、ある場所から別の場所への移動を示すとき、toと組み合わせて使うことが多い。

	by	from
❶ ❷	Our paper has now been revised **by** a native English speaker.（論文は英語のネイティブスピーカーによって現在校正されている）	We received a letter of acceptance **from** the editor.（編集者から受理書を受領した）
❶ ❷	The original computers were made **by** IBM but were then replaced **by** the director.（最初のコンピュータはIBM製だったが、部長の指示で他社製品に交換された）	This mixture is made **from** a variety of substances **from** all over the world.（この混合物は、世界中から取り寄せたさまざまな物質から作られている）
❶ ❷	Taxes were raised **by** the government.（税金が政府によって引き上げられた）	The economic crisis arose **from** banking malpractices and indiscriminate consumer borrowing **from** banks.（銀行の不正行為と消費者の見境のない借り入れによって経済危機が起きた）
❶ ❷	Considerable damage was caused **by** the earthquake.（地震によって甚大な被害が生じた）	This paper suffers **from** a lack of detailed discussion and would also benefit **from** a complete revision of the English.（この論文は詳しい考察に欠ける上、全体的な英語の校正も必要だ）
❶ ❷	The number was then divided or multiplied **by** 32.5, depending on the case.（場合に応じて値を32.5で除法または乗法を行った）	The corresponding amount was obtained by subtracting the first value **from** the second.（対応する量は、第2の値から第1の値を減じることで求めた）

❸ ❷	They learned English **by** watching videos on YouTube. (彼らはYouTubeの動画から英語を学んだ)	They quickly learned English **from** their native-speaking colleagues. (彼らはネイティブスピーカーの同僚からあっという間に英語を習得した)
❸ ❹	We went **by** train instead of going **by** car or **by** plane. (車や飛行機ではなく電車で行った)	While on the train **from** Malmo **to** Stockholm, they kept switching **from** one language **to** another. (彼らはマルモからストックホルムへの電車に乗っている間、言語を次々と切り替えた)

14.11 by, in, of（変化）

増加、減少、変更、変化、変動などを示すとき、次のように使う。

❶ byを動詞の後ろに使い、増減の量や数を示す。
❷ inを名詞の前に使い、変化の対象を示す。
❸ ofを数字の前に使い、量や数の増減を示す。

with（→**14.18節**）も参照のこと。

❶ by	❷ in	❸ of
The stock market has risen **by** 213 points. (株式市場は213ポイント上昇した)	There has been an increase **in** inflation. (インフレが進んでいる)	There has been an increase in inflation **of** 5%. (インフレ率が5%上昇した)
Attendance has fallen **by** 16%. (出席率は16%低下している)	A fall **in** unemployment is predicted. (失業率の低下が予測されている)	This was affected by variations **of** 16% and more. (これは16%以上の変動に影響された)

14.12 by, within（締め切り）

❶ byを期日と組み合わせて、「～までに」を表す。
❷ withinを期間と組み合わせて、「～以内に」を表す。

❶ by	❷ within
We must receive your manuscript **by** January 21 or at the latest **by** the end of the month.（原稿は1月21日までか、遅くとも1月末までに受領しなければならない）	Manuscripts will be reviewed **within** six weeks of receipt.（原稿の査読は受領後6週間以内に行われる）

14.13 by now, for now, for the moment, until now, so far（今）

❶ by now（今頃はもう）は、それまでに起こったすべてのことを示す。for now（当分は）とfor the moment（差しあたり）は、この時点から変化が予測される未来のある時点までを意味し、いずれも現在形またはwillと組み合わせることが多い。

❷ until now（今までは）とso far（これまでは）は、過去のある時点から、現在、そしておそらくは近い未来までを意味する。いずれも現在完了形と組み合わせることが多い。

❸ until nowは、通常、過去分詞の直前に置かない。till（まで）はuntil（まで）と同じ意味を持つが、研究論文ではインフォーマルすぎると考えられている。

	by now	for now/for the moment
❶	It should, **by now**, be well known that publications in peer-reviewed journals are more likely to ensure success than ….（論文審査のあるジャーナルに掲載されるほうが～よりも成功の可能性が高いことは今やよく知られているはずだ）	We wanted to buy new equipment, but we do not have the funds, so **for now / for the moment** we will have to continue using our old equipment.（新しい器具を購入したいが財源がないため、当座は古い器具を使い続けなければならないだろう）
❶	The literature on this topic should, **by now**, be extremely familiar to ….（この議題に関する文献はもはや～におなじみのはずだ）	We shall expand more fully on this in Sect. 3. **For now**, we just focus on ….（これについては第3節で詳細に述べる。ここでは～に焦点を当てる）

	until now	so far
❷	**So far / Until now**, research into this area has been limited to X. In this paper, we investigate Y.（これまでのところ、本分野の研究はXに限定されてきた。本稿ではYを検討する）	This is the only acid that has **so far / until now** been found to be effective in such scenarios.（そのような場面で有効であることがこれまで判明しているのは、この酸だけである）
❸		The research **so far** undertaken has only focused on ….（これまでに実施されてきた研究は～だけに注目している）
		The patients **so far** described all had benign non-calcified nodules. Let us now turn to cases with calcified nodules.（ここまで説明してきたすべての患者に良性の非石灰化結節があった。ここからは石灰化結節を認めた症例について述べる）

14.14 during, over, throughout（期間）

❶ during（間）は、一定期間中のある時点を意味する。この期間は過去でも未来でも構わない。

❷ over（超えて）は、過去から始まり、現在も続いている期間について使うことが多く、そのために通常は現在完了形と組み合わせるが（→8.2節）、未来形の中で使うことも可能だ。

❸ throughout（～間中）は、一定の期間の全体を意味する。対象とする期間は、過去、現在、未来のいずれも可能だ。

❶ during	❷ over	❸ throughout
I hope to have the opportunity of meeting you **during** the conference next month.（来月の会議中にお会いする機会があることを願っています）	**Over** the last few years, there has been increasing interest in ….（過去数年間に～への関心が高まっている） = For the last few years ＊今日を含む「今日まで」を示す。	**Throughout** history, humans have had a tendency to collect objects – even objects of no apparent value.（有史以来、人間には一見価値のなさそうな物でも収集する傾向がある）

I worked with him **during** my Erasmus project.（彼とはエラスムスのプロジェクトで一緒に働いた）	**Over** the last decade, no progress has been made in .... However, **over** the next few years this will certainly change.（この10年間、～に進展はなかった。しかし、これからの数年でこの状況は確実に変わるだろう）	Plagues were common **throughout** the Middle Ages.（ペストは中世によく流行した）

14.15 for, since, from（時間：～から）

時間を表す副詞を理解すれば、時制も正しく使えるようになるはずだ（➔**14.8節**）。

❶ forは、過去から現在までの期間を示す。例えば、How long has this situation been ongoing?（この状況はどのくらい続いているのか）の返答としてdays, months, years, decadesなど時間を表す単語と使うことが多い。この場合、forは現在完了形と組み合わせて使う。over the last two decades（過去20年間）などのover、so far（今までのところ）、until now（今までは）（➔**14.13節**）も同様に過去から現在の期間を表す。

❷ forをすでに終了した期間について使う場合、時制は過去形にする。

❸ sinceは、現在の状況が開始した時点を示す。2001, last month, yesterdayなど、正確な時点と組み合わせて使うことが多い。「いつ、この状況が始まったのか」という疑問に答えるのがsinceだ。

❹ from...toは時の範囲（起点から終点）を示す。現在までの継続を表しているわけではないため、現在完了とともに使えない。しかし、その他のほとんどの時制と組み合わせることができる。

	○ 良い例	× 悪い例
❶	We **have been doing** this research **for** nine years.（この研究を9年間行っている）	We **do** this research **from / since** nine years.（同）
❶	**Over the last few months** there **has been** a lot of media coverage.（この数ヵ月、メディアに多く取り上げられている）	**Over the last few months** there **is** a lot of media coverage.（同）

❷	I **studied** in Boston **for** three years and **then** I **moved** to Beijing.（ボストンで3年間勉強した後、北京に移った）	I **have studied** in Boston **for** three years and **then** I **have moved** to Beijing.（同）
❸	**Since** 2001 there **has been** a dramatic increase in suicides.（2001年以降、自殺率が急激に上昇している）	**From / Since 2001** there **is** a dramatic increase in suicides.（同）
❹	I **studied** in Boston **from 2008 to 2011.**（2008年から2011年までボストンで勉強した）	I **have studied** in Boston **from 2008 to 2011.**（同）

14.16 in, now, currently, at the moment（現在）

❶ inは、in June, in 2016など年月を後ろに置くことが多い。The new term starts in October（現在形）、I will see you in March（未来形）、I last saw her in 2011（過去形）のようにinは現在形、未来形、過去形の文章で使用可能だ。現在完了とは組み合わせない。

❷ now, currently, at the momentは、継続中の期間を示し、現在形と組み合わせて使う。一方で、ago, yesterday, last week, last month, last yearは終了した過去の時間を示すため、過去形を使わなければならない。

❸ historically, traditionally, typicallyといった副詞は過去と現在の間のつながりを示すため現在完了形を使うことが多いが、traditionallyとtypicallyは文脈次第で現在形や過去形でも使用できる。

	○ 良い例	× 悪い例
❶	I **joined** this research group **in July.**（私は7月、この研究グループに加わった）	I **have joined** this group **in July.**（同）
❷	This **is currently** the world's biggest problem.（これは現在、世界最大の問題だ）	**Until last year this has been** the world's biggest problem.（昨年までこれが世界最大の問題だった）
❸	**Historically**, French **has always been taught** in English schools as the second language.（歴史的にフランス語はイギリスの学校で第二言語として教えられてきた）	**Historically**, French **was always taught** in English schools as the second language.（同）

14.17 in, inside, within（～の中）

❶ inとinsideは、狭い空間について表現する場合、ほぼ同じ意味で使う。

❷ insideは、outsideの対義語として使う。insideの意味でwithinは使えない。

❸ withinは、border（境界）など現実の物理的な空間であっても、confines（範囲）、framework（枠組み）、comprehension（理解）など抽象的な空間であっても、その内部について述べるときに使う。

❹ inを、動詞の後につなげて文末に使うことはほとんどない。

❺ insideが、暴露された物事を比喩的に表現するときに使われることもある。論文のタイトルでよく用いられる。

	in	inside	within
❶	The money is kept **in** the safe.（お金は金庫に保管されている）	The hostage was kept **inside** the same room for more than three years.（人質は3年以上同じ部屋の中に閉じ込められていた）	
❶❷❸	We examined the links among the parents of children **in the school**.（我々は学校に子どもを通わせている親同士のつながりを調べた）	The children were only allowed to play **inside the school**, never outside.（子どもたちが遊びを許されたのは学校内のみで、校外には出られなかった）	Insufficient attention has been given to the importance of relationships among children **within the school**.（学校内の子どもたちの関係の重要性にはあまり注意が払われていない）
❹❸		The children could never go outside, they were always kept **inside**.（子どもたちは外に出ることができず、ずっと室内にいた）	The paper draws on research in six EU member states carried out **within** the framework of a project on climate change policies.（同論文は、気候変動の政策に関するプロジェクトの枠組み内でEU加盟6ヵ国において実施された研究を参考にしている）

<table>
<tr><td>⑤
③</td><td></td><td>Inside the mind of a monkey（サルの心の奥底）

Inside bureaucracy（官僚主義の内実）

Inside the family（その家族の内情）</td><td>Our aim is to present, within the limits of national security, a comprehensive summary of this data regarding the war in Iraq.（我々の目的は、国家安全保障の制限内で、イラクでの戦争に関する本データを包括的にまとめることである）</td></tr>
</table>

14.18 of, with（物質、方法、一致）

❶ ofは、何かを作るときの材料を示す。

❷ withは、作り方や装備品などについて説明する。

❸ withは、関係や合意、支援の有無についても示す。withと組み合わせる動詞や名詞、形容詞は次のとおりだ。accordance（一致）、acquaint（熟知させる）、agree（同意する）、ally（同盟させる）、appointment（約束）、associate（関連する）、coincide（同時に起こる）、collaborate（共同で行う）、comparable（匹敵する*）、compliance（遵守）、comply（従う）、concur（同意見である）、connect（結合する*）、connection（結合*）、consistent（一致する）、contact（接触する）、contaminate（混入する）、cooperate（協力する）、cooperation（協力）、coordinate（協調する）、coordination（協調）、coupled（連関する）、cover（包含する）、deal（取り扱う）、dispense（分配する）、endow（寄付する）、entrust（委託する）、equip（備え付ける）、experiment（実験）、help（手伝う）、incompatible（不適合の）、incongruous（不調和な）、infect（感染させる）、interact（相互作用する）、interfere（妨害する）、liaise（連絡をつける）、mix（混合する）、paint（塗布する）、problem（問題）、provide（提供する）、reinforce（強化する）、synchronize（同期する）、synchronous（同時に起こる）、tally（符合する）［*の単語はtoも使用可能］

❹ withは、他の要素に応じて変化する相関も示すことがあり、この場合にはofを使用できない。

	of	with
❶ ❷	The royal family were wearing jewels made **of** gold and silver.（王室一家は金製や銀製の宝石類を身につけていた）	A cake can be made **with** various ingredients.（ケーキはさまざまな材料から作ることができる）
❶ ❷	Nitinol is an alloy **of** nickel and titanium.（ニチノールはニッケルとチタンの合金だ）	These cars are manufactured **with** armor plating and come equipped **with** bullet-proof windows.（これらの車は装甲板を使用して製造されており、窓ガラスは防弾仕様となっている）
❶ ❸	Snow is made **of** small crystals of ice.（雪は氷の小さな結晶からできている）	The terrain was covered **with** snow.（その一帯は雪で覆われていた）
❹		The severity of the illness varies **with** age.（疾患の重症度は年齢によって異なる）

第15章
センテンスの長さ、一貫性、明瞭さ、曖昧さ

15.1 テーマは1文に最大2つ

❶ 伝えたい情報を一つに絞り、約25ワードを超えない形が理想的な文だ。

❷ 文章が長くなって構わないのは、一読して理解可能で、かつ文章を切って短くすることが難しい場合に限る。

以下の「悪い例」は約200年前にネイティブスピーカーが書いた文章だ。現代においてこのような書き方はもはや受け入れられない。

	○ 良い例	× 悪い例
❶	The majority of words recorded in a modern English dictionary have been borrowed from other languages. However, the words ordinarily used in speaking are largely of English origin. Most words have somewhat changed in form since their first introduction into England.（現代の英語の辞書に収載されている言葉の大部分は、他の言語由来だ。しかし、一般的な会話で使われる言葉の多くはイングランドが起源である。ほとんどの言葉の形は、イングランドに持ち込まれた後に変化してきた）（16、12、13ワード）	In the language as recorded in a modern English dictionary the great majority of words are borrowed; but the words we ordinarily use in speaking are largely of English origin, although for the most part somewhat changed in form since their first introduction into England.（現代の英語の辞書に収載されている言葉の大部分は、他の言語由来だが、一般的な会話で使われる言葉の多くはイングランドが起源であり、ほとんどの言葉の形は、イングランドに持ち込まれた後に変化してきた）（45ワード）

❷	As has been shown above, it would be incorrect to say that English was derived from Latin, or French, or Greek, of from anything else but the original language of the Teutonic branch of the Indo-European language. Nevertheless Latin, French and Greek have had a great and lasting influence on English vocabulary. （上記に示したとおり、英語はラテン語やフランス語、ギリシャ語が由来だとするのは間違いで、インド・ヨーロッパ語族ゲルマン語派の元の言語がこれに当たる。それでもなお、ラテン語やフランス語、ギリシャ語は英語の語彙に強く永続的な影響を及ぼしてきた）（37、15ワード）	Although (as has been shown above) it would be incorrect to say that English was derived from Latin, or French, or Greek, of from anything else but the original language of the Teutonic branch of the Indo-European language, nevertheless Latin, French and Greek have not been without great and lasting influence on our vocabulary. （[上記に示したとおり、] 英語はラテン語やフランス語、ギリシャ語が由来だとするのは間違いで、インド・ヨーロッパ語族ゲルマン語派の元の言語がこれに当たるが、それでもなお、ラテン語やフランス語、ギリシャ語が英語の語彙に強く永続的な影響を及ぼさなかったわけではない）（54ワード）

15.2 時系列で情報を示す（特に「方法」）

文章は、道順を示す地図のように書くべきだ。一つ一つ、ステップを論理的に理解しながら前進できるように書こう。そのためには、左から右へ情報を時系列で示すとうまくいくことが多い。

❶「主節＋after＋過去完了形」よりも「主節＋then＋過去形」の構造にする。
❷ first(ly)、second(ly)などを使い、段階や手順を示す。

	○ 良い例	× 悪い例
❶	The vegetables were **cooked** in the oven and **then served** with the main course. （野菜をオーブンで加熱し、その後、メインコースに添えて出した）	The vegetables were **served** with the main course **after they had been cooked** in the oven. (同)

❷	When defusing a bomb, **first disrupt** the circuit. **Secondly**, cut the green wire. (爆弾の信管を除去するときは、まず回路を遮断する。次に緑のワイヤーを切断する)	When defusing a bomb, cut the green wire **after first having disrupted** the circuit. (爆弾の信管を除去するときは、まず回路を遮断した後、緑のワイヤーを切断する)

15.3 挿入句はできるだけ使わない

語句をコンマや括弧で囲んで挿入した結果、主語と動詞が離れている文章をよく見かける。このような文章は、コンマや括弧のせいで流れが分断され、一読してすぐに理解できる文章になりにくい。

❶ 主語と動詞が隣り合う文章になるように修正する。語順はどの語を強調したいかによって変わるだろう。
❷ 挿入したい情報が長めのときは、文章を分割する。

	○ 良い例	× 避ける
❶	**This feature will** only be of limited use, owing to its high cost. (コストが高いため、この機能の使用は限定的なものになるだろう)	**This feature**, owing to its high cost, **will** only be of limited use. (同)
	Owing to its high cost, **this feature will** only be of limited use. (同)	**This feature** (owing to its high cost) **will** only be of limited use. (同)
❶	The vegetables were **cooked** in the oven and **then served** with the main course. (野菜をオーブンで加熱し、その後、メインコースに添えて出した)	The **vegetables**, cooked in the oven, **were served** with the main course. (同)
		The **vegetables**, which had been cooked in the oven, **were served** with the main course. (同)

❷	**We believe** the results are significant given their innovative nature. **When** they are analysed they should help in our understanding of the diffusion of this virus in the world today.（結果はその革新性から極めて重要であると我々は考える。結果を解析することで、今日の世界におけるこのウイルスの拡散状況の理解が進むはずである）	The analysis of the results, **which we believe are of a significant value given their innovative nature**, should help in the understanding of the diffusion of this virus in the world today.（同）

15.4 冗長さを避ける

単語数を最小限に抑えることで読みやすくなる。短い文は執筆時間の短縮にもつながる。以下の冗長表現を避けよう。

❶ 意味のない抽象的な表現
❷ 意味のない説明的な表現
❸ 不要な導入フレーズ（➔**13.1節❸**）
❹ 不要な接続詞（➔**第13章**）例：in particular（特に）、furthermore（その上）、to be precise（厳密に言えば）

	○ 良い例	× 避ける
❶	This supports the **installation** of the software.（これはソフトウェアのインストールを支援する）	This supports the **activity of installation** of the software.（これはソフトウェアのインストール作業を支援する）
❶	Achieving this is **difficult**.（これを達成することは困難だ）	Achieving this is **a difficult task**.（これを達成することは困難な任務だ）
❶	We believe the results are **significant**.（我々はこの結果が重要だと考えている）	We believe the results are **of significant value**.（我々は結果に重要な価値があると考える）
❷	They should be **green and round**.（それらは緑色で円形のはずだ）	They should be **green in color and round in shape**.（それらは色が緑で形状が円のはずだ）

❸	**Note** that the sum of the values needs to be lower than …. (値の合計は～未満でなければならないことに注意すること)	**It is worth noting / Bear in mind** that the sum of the values …. (値の合計は～ことは注意に値する／心に留めておくこと)
❹	We found that x = y. Under certain circumstances x also equals z. (我々はx=yであることを発見した。特定の状況においてx=zでもある)	We found that x = y. **In particular**, under certain circumstances x also equals z. (我々はx=yであることを発見した。特に、特定の状況においてx=zでもある)

15.5 名詞より動詞を使う

❶ 名詞ではなく動詞を使うことで読みやすさと簡潔さが向上する。
❷ ［名詞＋動詞］ではなく［動詞］を使う。

	○ 良い例	× 避ける
❶	This was used to **calculate** the values. (これは値を計算するために使用された)	This was used **in the calculation of** the values. (これを値の計算に使用した)
❶	By correctly **choosing** the parameters, performance can be improved. (パラメータを正しく選択することにより、成績を改善できる)	Through the correct **choice** of the parameters, performance can be improved. (パラメータの正しい選択を通して、成績を改善できる)
❶❷	This allows us **to transfer** the money. (これにより送金が可能になる) This allows the money **to be transferred.** (同)	This allows **the transfer** of the money to be **performed**. (これにより送金の実施が可能になる)
❷	The USA **was compared** to the Russian Federation. (アメリカ合衆国とロシア連邦を比較した)	A **comparison was made** between the USA and the Russian Federation. (アメリカとロシア連邦の間で比較が行われた)

❷	The Russian Federation **performed** much better than the USA.（ロシア連邦はアメリカ合衆国よりも遥かにうまく成し遂げた）	The Russian Federation **showed a** much better **performance** than the USA.（ロシア連邦はアメリカよりも遥かによい成績を示した）

15.6 名詞より形容詞を使う

❶［動詞＋名詞］ではなく［動詞＋形容詞］を使う。

❷［形容詞の比較級＋名詞］ではなく［more＋形容詞］を使う。

	○ 良い例	× 避ける
❶	This method has quite an **efficient** calculation process.（この方法を用いると非常に効率のよい計算処理が可能だ） = Calculations with this method are quite **efficient**.	This method shows quite a good **efficiency** in the calculation process.（この方法は計算処理において良好な効率性を示す）
❷	X is **more homogeneous** than Y.（XはYよりも均一性が高い）	X has **a higher homogeneity** with respect to Y.（XはYと比較して高い均一性を有する）

15.7 一般に人を指すyou, one, he, she, theyに注意

❶ 論文の中で読者のことをyouと呼びかける書き方はまれだ。通常、この方法はユーザーガイド、マニュアル、ウェブサイト、メールで使う。

❷ 不定代名詞のoneはやや古風だ。oneを使わずにすむ他の書き方を見つけよう。

❸ he（his, him）は男性、she（her, hers）は女性に言及する場合にのみ使用する。一般的に人のことを表して（つまり実際の性別が重要でないにもかかわらず）heやsheを使うと、差別的だと見なされたり、奇妙に思われたりする可能性がある。

❹ 主語を複数にしてthey（their, them, theirs）を使うことでhe, she, he/sheを回避できる。

❺ 一般の人を表したいが主語を単数形にする方法が他にない場合は、heなどの男性形で代表させずhe/she, him/her, his/herを使う。

	○ 良い例	× 避ける
❶	A more detailed explanation **can be found** in Appendix B.（詳しい説明は付録Bに示した）	**You can find** a more detailed explanation in Appendix B.（同）
❷	This feature would be useful in many cases.（この特徴は多くの事例で有用だろう）	**One** can think of many examples where this feature would be useful.（同）
❸	Barack Obama claimed in **his** speech that **he** …. whereas in **her** speech Angela Merkel reaffirmed that **she** ….（バラク・オバマが演説で～と主張した一方で、アンゲラ・メルケルは～と再び断言した）	A **doctor** plays a vital role in society, in fact **he** often ….（医師は社会において重要な役割を果たしていて、実際のところしばしば～） A **primary teacher** can have a great influence on the future lives of **her** pupils.（小学校教員は、生徒のその後の人生に大きな影響を与えることがある）
❹	If **traders** are trading on several markets and **they** wish to ….（トレーダーが複数の市場で取り引きし、～したい場合～）	If **a trader** is trading on several markets and **he** wishes to ….（同）
❹	When **users** have connection problems, the system tries to reconnect **them** automatically.（ユーザーが接続トラブルを抱えているときは、システムが自動的に再接続を試みる）	When **a user** has connection problems, the system tries to reconnect **him/her** automatically.（同）
❺	There are two traders: Trader A and Trader B. If Trader A wants to send **his/her** order to the market then **he/she** has to ….（トレーダーAとトレーダーBの2人のトレーダーがいる。トレーダーAはマーケットに注文を出したい場合、～する必要がある）	There are two traders: Trader A and Trader B. If Trader A wants to send **his** order to the market then **he** has to ….（同）

15.8 we, us, ourが必要な場合と不要な場合

曖昧さを避けるためにweが必要になることがある（→**10.4節**）。しかし、以下の例ではwe（us, our, ours）を使わなくてもよいだろう。

❶ weを使わないほうが簡潔になる場合

② 総称として人を指す場合
③ 書き手自身が発明していない手順を示す場合（代わりに受動態を使う）。
④ 説明されている論理的なプロセスに読者を巻き込むためにweを使うことがある。しかしweが多くなりすぎる場合は、受動態や助動詞など別の解決策を検討する。
⑤ ジャーナルが規定でweを禁止していることがあるが、かえって不自然になることがある。そのような場合、個人的な意見だがweを使用すべきだ。

	○ 良い例	× 避ける
①	This document **outlines** the main points of xyz.（本文書はxyzの要点をまとめている）	In this document **we outline** the main points of xyz.（本文書では、xyzの要点をまとめている）
①	This means that **there are** two ways to solve this problem.（この問題を解決する方法は2つあるということだ）	This means that **we have** two ways to solve this problem.（我々はこの問題の解決方法を2つ持っているということだ）
②	The last few years **have witnessed** a considerable increase in the numbers of mobile devices.（ここ数年、モバイル機器の台数は大幅に増加している）	In the last few years **we have witnessed** a considerable increase in the numbers of mobile devices.（ここ数年、我々はモバイル機器の大幅な台数の増加を目の当たりにしてきた）
③	A cloze procedure is a technique in which **words are deleted** from a passage according to a word-count formula. The passage **is presented** to students, who insert words as they read. This procedure **can be used** as a diagnostic reading assessment technique.（クローズ法とは、単語数計算式に従って文章から単語を削除していく手法だ。ある文章が生徒に示され、生徒は読みながら単語を埋め戻す。この方法は読解力診断テストとして使用可能だ）	A cloze procedure is a technique in which **we delete** words from a passage according to a word-count formula. **We present** the passage to students, who insert words as they read. **We can use** this procedure as a diagnostic reading assessment technique.（クローズ法とは、単語数計算式に従って文章から単語を削除する手法だ。我々はある文章を生徒に示し、生徒は読みながら単語を埋め戻す。この方法を読解力診断テストとして使うことができる）

❹	Before **dealing** with this issue ….（この問題に対処する前に～）	Before **we deal** with this issue ….（この問題を我々が対処する前に～）
❹	As already pointed out by Ying, this is valid only below a certain frequency (**hereafter** F).（すでにインが指摘しているように、これは特定の頻度［以下Fとする］未満でのみ有効だ）	As already pointed out by Ying, this is valid only below a certain frequency which **we denote by** F.（すでにインが指摘しているように、我々がFで示した特定の頻度未満でのみ有効だ）
❹	The discussion of integers **is now continued** to extend the notion of ….（～についての考えを拡大するため、ここからは整数の議論が続けられる）	**We continue our** discussion of integers to extend the notion of ….（～についての考えを拡大するため、我々はここから整数の議論を続ける）
❺	**We believe** that this approach is both the easiest and quickest to perform.（我々はこの方法が最も容易で短時間に実施できると考える）	**It is the authors' subjective impression** that this approach is both the easiest and quickest to perform.（この方法が最も容易で短時間に実施できるということが著者の個人的な印象である）

15.9 インフォーマルな単語や省略を避ける

❶ 量に関する表現の中には、論文で使うとインフォーマルすぎると見なされるものがある。

❷ 例を挙げたいときはlikeよりもsuch asを使う。

❸ soよりもthus, therefore, consequently（したがって）を使い、anywayよりもin any case（いずれにせよ）を使う。

❹ 文頭のActuallyは避ける。

❺ tillよりもuntilのほうがよい。

❻ 短縮形（it isn't, we'llなど）は避け、完全な形（it is not, we willなど）を使う。

❼ 慣用的な句動詞は避ける（check out, get around, give up, work outなど）（➜**16.9節**）。

	○ 良い例	× インフォーマルすぎる例
❶	The sample size was **quite** small. A **few** samples were contaminated. (サンプルサイズはかなり小さかった。いくつかのサンプルは汚染されていた)	The sample size was **pretty** small. A **tiny part of the** samples were contaminated. (同)
❷	A few European countries, **such as** Montenegro, Slovenia and Moldavia, have requested …. (モンテネグロ、スロベニア、モルダビアなど欧州数ヵ国が～を要望している)	A few European countries, **like** Montenegro, Slovenia and Moldavia, have requested …. (同)
❸	The first set of samples were contaminated. We **thus** had to …. **In any case**, this was useful because …. (最初のサンプルに汚染があった。したがって～しなければならなかった。いずれにせよ、～であったためこれは有益だった)	The first set of samples were contaminated, **so** we had to …. **Anyway**, this was useful because …. (同)
❹	His behavior was strange. **In fact**, he rarely talked …. (彼の行動は奇妙だった。実際、彼はほとんど～話さなかった)	His behavior was strange. **Actually**, he rarely talked … (同)
❺	We waited **until** the end of the experiments before …. (我々は実験終了まで待って～)	We waited **till** the end of the experiments before …. (同)
❻	**Let us** now turn to …. One **cannot** but notice that …. **We have** seen that (次は～について話します。～ということに気づかざるを得ません。～ということを見てきました)	**Let's** now turn to …. One **can't** but notice that …. **We've** seen that …. (同)
❼	Clinton's argument does not appear to **make sense**, although Smith et al. have **defended** Clinton's position. (スミスらはクリントンの立場を擁護しているが、クリントンの主張は筋が通っていないようだ)	Clinton's argument does not appear to **add up**, although Smith et al. have **stuck up for** Clinton's position. (同)
❼	They tried for 20 years to prove that x = y and they finally **succeeded** in 2012 when some missing data were **discovered** by chance. (彼らは20年間もx=yであることを証明しようとしていたが、偶然、2012年に欠測値が発見され、ようやく証明に成功した)	They tried for 20 years to prove that x = y and they finally **brought it off** in 2012 when some missing data **turned up** by chance. (同)

15.10 強調のdo/doesと助動詞

❶ 肯定文の中でdoやdoesを置いて強調の意味を出す方法がまれに使われる。

❷ 特別に強調する必要がなければ、doやdoesを使わない。

❸ be動詞や助動詞を強調したい場合は、イタリック体に変える、下線をつける、他の表現（however, instead, in factなど）を加えるといった方法があるがこれらもまれだ。

❹ doやdoes（および助動詞）をonlyや否定的な副詞とともに肯定文で使用してもよい。このような場合、主語と動詞は倒置する（➔**16.6節**）。

	強調あり	強調なし
❶❷	Are scientists whose native language is not English at a disadvantage in attempting to get work published and accepted? Certainly, **there does seem** to be evidence that scientists from developing countries **do find** it more difficult to get their work published than those in developed countries.（英語が母語ではない科学者は、論文の発表や受理を目指す際に不利な立場にあるだろうか。確かに途上国出身の科学者は、先進国の科学者よりも論文の発表に大変苦労しているようだ）	In comparing the interviewees' responses with the comparable data from previous studies **there seems** to be evidence that this sample may have been affected by issues regarding the way the questions were posed. In fact, **we found** that three questions were open to several interpretations.（インタビューの回答について先行研究のデータと比較したところ、問いかけ方によってサンプルが影響を受けた可能性があることがはっきりしているようだった。実際、3つの質問について、複数の解釈ができることを発見した）
❶❷	Such strange phenomena have been reported. Whether **they do in fact** indicate the existence of UFOs is still an open issue.（非常に奇妙な現象が報告されている。UFOの存在を本当に示唆するものなのかどうかは、いまだに結論が出ていない）	These drugs may not always be effective. **In fact, they often have** undesired side effects.（このような薬が有効とは限らない。実際、意に反して副作用が起きることも多い）

❸	Contrary to what was previously thought, it ***is*** possible to automatically acquire English with a brain implant, and such an operation ***can***, in fact, be achieved at low cost. (これまでの常識とは逆に、脳移植で英語を自動的に習得することは可能であり、そのような手術は実際、低コストで実施可能だ)	
❹	In most countries using plastic bottles is not considered a problem. **Only** in Scandinavia **do they** insist on using glass bottles. (大部分の国ではペットボトルの使用を問題視していない。北欧諸国だけがガラス製の瓶の使用にこだわっている)	In most countries using plastic bottles is not considered a problem. **However**, in Scandinavia **they** insist on using glass bottles. (同)

15.11 文章全体に統一感を出す

❶ 統一すべき単語は他の表現に言い換えない。

❷ 文法的な形を揃える。

❸ 同じスペルを使う（→28.2節）。

	○ 良い例	× 悪い例
❶	In **Phase 1** of the project we will ..., whereas in **Phase 4** we will .... (プロジェクトのフェーズ1では～するが、フェーズ4では～)	In the **first phase** of the project we will ..., whereas in **Phase IV** we will .... (プロジェクトの最初のフェーズでは～するが、フェーズⅣでは～)
❷	This research has three main aims: (1) **to increase** efficiency (2) **to enhance** existing features (3) **to lower** costs. (この調査の目的は主に次の3点である：(1) 効率を上げること、(2) 既存の機能を強化すること、(3) コストを下げること)	This research has three main aims: (1) **to increase** efficiency (2) **the enhancement** of existing features (3) **lowering** costs. (この調査の目的は主に次の3点である：(1) 効率を上げること、(2) 既存の機能の強化、(3) 低下するコスト)

❸	The **behavior** of the children in the **realization** of the truth differed radically from the **behavior** of their respective parents who **realized** the truth considerably more rapidly. (事実にかなり早く気づいた親たちの行動と、その後に気づいた子どもの行動はまったく違っていた)	The **behavior** of the children in the **realization** of the truth differed radically from the **behaviour** of their respective parents who **realised** the truth considerably more rapidly. (同)

15.12 英語に存在しない概念は言い換える

自分の言語や国に独自の概念（政治的組織、伝統、祭典の名称など）は直訳を避け、次のいずれかにする。

❶ 母語をイタリック体で書いたあと、英語で説明する。
❷ 母語は使用せず、英語だけで説明する。

	○ 母語＋英語	○ 英語のみ	✕ 悪い例
❶	Such preferences are due to the Chinese concept of ***yì tóu* which is related to ideas regarding premonition and superstition.** Thus …. (そのような好みは「予兆」や「迷信」を意味する「yì tóu」という中国の考えによるものだ。したがって～)		Such preferences are due to the Chinese concept of ***yì tóu***. Thus …. (そのような好みは「yì tóu」という中国の考えによるものだ。したがって～) ＊上記の例は、すでにyì tóuを英語で説明している場合や、読者がこの言葉になじみがあるとわかっている場合に可能。
❶	Kimura [2014] regards ***aida* (literally 'betweenness')** as a transpersonal source that …. (キムラ［2014］は超個人的な源として「間」［英語では直訳するとbetweenness］を捉え～)		Kimura [2014] regards ***aida*** as a transpersonal source that …. (キムラ［2014］は超個人的な源として「間」を捉え～) ＊上述と同じ条件が満たされれば、この例も可能。

	= Kimura [2014] regards ***aida* or ‘betweenness’** as a transpersonal source that …. （キムラ［2014］は超個人的な源として「間」すなわち「betweenness」を捉え～）		
❷	The Dutch celebrate **Sinterklaas (i.e. Santa Claus)** on December 5. Sinterklaas arrives simultaneously at every city or village in the Netherlands. This is explained by way of the so-called **“hulp-Sinterklazen”** (people who help Sinterklaas by dressing up like him). （オランダ人は12月5日に「シンタクラース」［＝サンタクロース］のお祝いをする。シンタクラースは、オランダのどの町にも同時にやってくる。これは、フルプ・シンタクラーゼン［シンタクラースに扮した助っ人］という方法で説明されている）	… Sinterklaas manages to arrive simultaneously at every city or village with the aid of **helpers who dress up like him**. （～シンタクラースに扮した助っ人の助けを借りることで、シンタクラースはどの町にも同時にやってくる）	The Dutch celebrate **Father Christmas** on December 5. He arrives simultaneously at every city or village in the Netherlands. This is explained by way of the so-called **“help Father Christmas”**. （オランダ人は12月5日にサンタクロースのお祝いをする。オランダのどの町にも同時にやってくるのだ。これは「サンタクロースの助っ人」と呼ばれる方法で説明されている） ＊サンタクロースは「お祝い」されるものではない。オランダ語を使わずhelp Father Christmasと直訳しても意味は伝わらない。
❷	The energy plan was approved by the **Regione Toscana (i.e. the regional administration in Tuscany)** and was then …. （そのエネルギー計画は、Regione Toscana［トスカーナの州当局］から承認され、その後～）	The energy plan was approved by the **regional administration in Tuscany** and was then …. （そのエネルギー計画はトスカーナの州当局から承認され、その後～）	The energy plan was approved by the **Tuscany Region** and was then …. （そのエネルギー計画はトスカーナ州から承認され、その後～） ＊Tuscany Regionはイタリア語から英語に直訳しただけなので、意味は伝わらない。

15.13 キーワードを途中で変更しない（同じ語を使う）

❶ キーワードの同義語を勝手に作り出してはならない。それぞれの言葉に別の意味があるのではないかと誤解される可能性がある。

❷ あるキーワードを再び使いたいが、そのキーワードを確認するためには少し前まで遡らなければならない場合、総称的な言葉を使うよりもそのキーワードを繰り返すほうがよい（例：「～水素～。……。～この気体」ではなく、「～水素～。……。～水素」とする)。総称的な表現（例：この気体）や代名詞（それ）を使ってしまうと、読者は何について言っているのか理解するためにその段落を最初から読み直さなければならなくなる可能性がある。

❸ 同じ前置詞を繰り返しても下手なライティングだと批判されることはない。そもそも前置詞は他の前置詞と交換できないことが多いものだ。正しい前置詞を使い続けよう。

❹ キーワードでない単語は同義語で言い換えてもよい。例えば動詞ならcarry outとperform、形容詞ならimportantとcrucial、副詞ならoftenとfrequentlyなどだ。

	○ 良い例	× 悪い例
❶	In the **first phase** of the project we will …, whereas in the **fifth phase** we will ….（プロジェクトの第1フェーズでは～するが、第5フェーズでは～）	In the **first phase** of the project we will …, whereas in the **fifth stage** we will ….（プロジェクトの第1フェーズでは～するが、第5ステージでは～）
❶	The **operator** of the PC does x followed by y. Finally, the **operator** does z.（PCのオペレーターはxのあとyをする。最終的にオペレーターはzをする）	The **operator** of the PC does x followed by y. Finally, the **user** does z.（PCのオペレーターはxのあとyをする。最終的にユーザーはzをする）

❷	The solubility and mobility of elemental **mercury** is low and blah blah blah, blah blah blah blah blah blah blah. In fact, blah blah blah blah blah. In addition, blah blah blah blah blah blah blah blah blah. However, **mercury** can undergo many transformations, leading to contamination in humans. (元素水銀の溶解性と移動性は低く……、……。実際、……。さらに、……。しかしながら、水銀はさまざまに変化可能であり、人体への悪影響の原因となる)	The solubility and mobility of elemental **mercury** is low and blah blah blah, blah blah blah blah blah blah. In fact, blah blah blah blah blah. In addition, blah blah blah blah blah blah blah blah. However, this **metal** can undergo many transformations, leading to contamination in humans. (元素水銀の溶解性と移動性は低く……、……。実際、……。さらに、……。しかしながら、この金属はさまざまに変化可能であり、人体への悪影響の原因となる)
❸	There is unquestionably a need **for** methods **for** testing **for** synergy with combinations **of** any number **of** agents **of** a certain value. (一定の価値のある薬品を何種類も組み合わせて相乗作用を調べる方法が必要であることは間違いない)	
❹	Such manuscripts are **normally** accepted, **usually** within 20 days of receipt. (そのような原稿なら通常は20日以内にたいてい受理される)	

15.14 the former/the latterや(関係)代名詞は曖昧になりやすい

❶ the former（前者）とthe latter（後者）（➔**13.13節**）や、the first（1つ目）とthe second（2つ目）を使って前述した語句を指すことはできるだけ避ける。このような表現は使わず、前に使った言葉を繰り返そう。何を指しているのか確認するために読み返さなくてすむだろう。

❷ 関係代名詞（➔**第7章**）を使うことで1文が長くなりすぎるのであれば使わない。それよりもキーワードを繰り返そう。

❸ 代名詞（it, they, them, oneなど）を使うときには、指しているものが明確に伝わるかどうか確認する。

	○ 良い例	× 悪い例
❶	Examples of countries where this kind of election system is used are **Australia**, **New Zealand** and **Canada**. From an analysis of the literature it would seem that **Australia** has been the target of most investigations into …. (このような選挙制度を採用している国の例としては、オーストラリア、ニュージーランド、カナダがある。文献を分析したところ、オーストラリアが～に関する多くの調査の対象になっているようだ)	Examples of countries where this kind of election system is used are **Australia**, **New Zealand** and **Canada**. From an analysis of the literature it would seem that the **former country** has been the target of most investigations into …. (このような選挙制度を採用している国の例としては、オーストラリア、ニュージーランド、カナダがある。文献を分析したところ、前者が～に関する多くの調査の対象になっているようだ)
❷	The CNR is the Italian National Research Council and has many institutes where innovative research is **carried out. These institutes** are located in various parts of Italy such as Pisa, Turin and Rome. (CNRとはイタリア国立研究機構のことで、多くの研究所があり、革新的な研究をしている。研究所は、ピサ、トリノ、ローマなどイタリア各地に点在している)	The CNR is the Italian National Research Council and has many institutes where innovative research is carried out and **which** are located in various parts of Italy such as Pisa, Turin and Rome. (CNRとはイタリア国立研究機構のことで、多くの研究所があり、革新的な研究を行い、ピサ、トリノ、ローマなどイタリア各地に点在している)
❸	Portuguese and Spanish are spoken more widely than French and Dutch. In fact, **French and Dutch** are only used in ex-colonies, although **French** is also spoken in …. (ポルトガル語とスペイン語は、フランス語やオランダ語よりも広く使われている。実際、フランス語とオランダ語は旧植民地でしか使われていないが、それに加えてフランス語は～でも使われている)	Portuguese and Spanish are spoken more widely than French and Dutch. In fact, **they** are only used in ex-colonies, although **the first** is also spoken in …. (ポルトガル語とスペイン語は、フランス語やオランダ語よりも広く使われている。実際、それらは旧植民地でしか使われていないが、それに加えて前者は～でも使われている)

15.15 as, in accordance with, according toの曖昧さを避ける

❶ asは、何らかのアプローチ、方法、慣行が（多くの場合法的な）規定に適合しているかどうかを示すために使うことがある。

❷ 規制や勧告の要件を満たしているのかどうかはっきりとわかるように書こう。

❸ in accordance with（～に準拠して）、according to（～によれば）、in compliance with（～に従って）など、規則や規制への適合性を示す表現は、ルール❶と同様に曖昧さの原因となるため注意しよう。

	○ 良い例	× 悪い例
❶	**As recommended** by ISO 2564.89, we used the following procedure: (ISO 2564.89で推奨されているように、我々は次の手順を使用した：)	
❶	We adopted the guidelines regarding land use planning, **as required** by Council Directive 96/82/EC. (評議会指針96/82/ECで要求されている土地利用計画に関するガイドラインを採用した)	
❷	In 16.6% of the food packages, **no** country of origin was reported. **This is in direct contrast** to European regulations, which explicitly state that the country of origin must be declared. (16.6%の食品パッケージには、原産国が記載されていなかった。これは、原産国を申告しなければならないと明記している欧州の規制とは正反対の状態だ)	In 16.6% of the food packages, no country of origin was reported, **as required** by European regulations. (16.6%の食品パッケージには、欧州の規制で求められているように原産国の記載がなかった) ＊原産国の記載は欧州で規定されていないと解釈可能だ。

❸	**As suggested by / In accordance with** Gomez (2015), samples were not pre-washed. (ゴメス［2015］の提案に従い、サンプルを予洗しなかった)	The samples were not pre-washed **in accordance with** Gomez (2015). (ゴメス［2015］に従い、サンプルを予洗しなかった) ＊ゴメスが予洗を提唱したのかどうかはっきり伝わらない。
	Contrary to what suggested by Gomez (2015), samples were not pre-washed. This decision was made because .... (ゴメス［2015］の提案とは逆に、サンプルは予洗しなかった。～のためこの判断をした)	

15.16 否定語を使ってネガティブな内容を伝える

❶ 英語では否定語を使ってネガティブな考えを伝えることが多い（→17.7節）。否定語はネガティブな内容が書かれていることを読み手にすぐさま伝えられる。以下の表では、右欄の表現を論文で使用してもまったく問題がないが、左欄のほうが口頭のプレゼンテーションで伝わりやすい。

❷ 否定語は1語で十分だ。表の2については誤った英語表現を右欄に記載した。

	一般的だが正式ではない	❶ 一般的でないが正式 ❷ 悪い例
❶	There are **not many** options available. (選べる選択肢は多くない)	There are **few** options available. (選べる選択肢はわずかだ)
❶	We **don't** have **much** time available. (使える時間は多くない)	We have **little** time available. (使える時間はわずかだ)
❶	There are **not as many** opportunities for women as there are for men. (男性に与えられた機会に比べて女性の機会は多くない)	There are **fewer** opportunities for women than for men. (男性よりも女性の機会が少ない)
❶	There are **not** many cases where patients have such symptoms. (患者がそのような症状を呈することは多くない)	The cases where patients have such symptoms are **rare**. (患者がそのような症状を呈する例はまれだ)
❷	The device was **not** designed to be connected to a network, **either** wired **or** wireless. (その機器は、有線か無線かを問わず、ネットワークに接続することを想定された設計ではなかった)	The device was **not** designed to be connected to a network, **neither** wired **nor** wireless. (同)

❷	The authors did **not** write **anything** regarding .... (著者は～に関して何も書いていなかった)	The authors did **not** write **nothing** regarding .... (同)

第16章 語順：名詞と動詞

16.1 主語は動詞の前の、できるだけ文頭近くに置く

❶ 主語は動詞の前に置く（例外→16.5節、16.6節）。

❷ 通常、主語には最も重要な情報が含まれている。できるだけ文頭の近くに主語を置こう。

	○ 良い例	× 悪い例
❶	**The referees' reports** have arrived.（査読報告書が届いた）	They have arrived **the referees' reports.**（同）
❶	The **method** is important.（方法が重要だ）	It is important the **method**.（同）
❷	**Several techniques** can be used to address this problem.（いくつかの方法を使ってこの問題を解決することが可能だ）	To address this problem **several techniques** can be used.（この問題を解決するためにはいくつかの方法が使用可能だ）
❷	**Time and cost** are among the factors that influence the choice of parameters.（時間とコストなどの要因がパラメータの選択に影響を与える）	Among the factors that influence the choice of parameters are **time and cost**.（パラメータの選択に影響を与える要因の中に時間とコストがある）
❷	Although **algorithms** for this kind of processing are reported in the above references, the execution of ….（このような演算処理のアルゴリズムが上記の文献に報告されているものの、～の実行は～）	Although in the above references one can find **algorithms** for this kind of processing, the execution of ….（上記の文献にこのような演算処理のアルゴリズムを見つけることは可能だが、～の実行は～）

16.2 文頭にどのような単語を置くかが重要

❶ 最も重要な情報を文頭に置き、直接的で印象の強い文体を作ろう。

1 2 3 4 5 6 7 8 9 10 11 12 13 14 15 16 17 18 19 20 21 22 23 24 25 26 27 28

❶ 一般的な主語の位置	❶ 特に強調するときの主語の位置
Lee noted that 40% of the data was erroneous, contrasting with Hall's estimation of 20%.（リーはデータの40%が誤りだと指摘し、ホールの20%という推定値と比較した） ＊2人の著者の比較を強調。	Up to 40% of the data was misleading, **Lee** notes.（データの最大40%は誤解を招くものだとリーは指摘している） ＊値を強調。
A new cure was discovered recently [12].（新しい治療法が最近発見された［12]）	It was only recently that a new cure was discovered [12].（新しい治療法が発見されたのはごく最近だ［12]） ＊only recentlyという時期が、興味深いまたは驚くべき新情報。

16.3 主語を文の後半に置かない

❶ まず主語を書き、その後に「いつ、どのように、どこで、なぜ」を説明する。従属節から書き始めてしまうと、文末まで読まなければ文の主旨がわからない。

❷ in particular（特に）、generally speaking（一般的に言うと）、consequently（したがって）、in addition（それに加えて）などの接続詞（→ **第13章**）を多用する場合は、文頭ばかりに置かない。できればthus（したがって）、so（だから）、also（また）など短い言葉を活用し、動詞の前に置く。

❸ 非人称のItで始まる文はできるだけ避ける。代わりにmight, need, shouldなどの助動詞か、副詞を使う文にする。

❹ be動詞を使って時間や期間を表す語句を文頭に置くことは避けよう。

	○ 良い例	× ❶～❸ 非推奨 ❹ 不可
❶	The **samples** were dried after they had spent five minutes in an aqueous solution, and 20 minutes in the cold room.（サンプルを、水溶液に5分、冷所に20分置いたあと、乾燥させた）	After five minutes in an aqueous solution, and a further 20 minutes in the cold room, the **samples** were dried.（水溶液に5分置き、さらに冷所に20分置いたあと、サンプルを乾燥させた）

❶	Despite **Iceland's** favorable geological situation in terms of harnessing all kinds of geothermal resources, until a few years ago only geothermal-electric generation received much attention. (アイスランドはあらゆる地熱資源を利用できる恵まれた地質環境にあるにもかかわらず、数年前までは地熱発電だけが注目されていた)	Despite **its** favorable geological situation in terms of harnessing all kinds of geothermal resources, until a few years ago only geothermal-electric generation received much attention in **Iceland**. (あらゆる地熱資源を利用できる恵まれた地質環境にあるにもかかわらず、数年前までは地熱発電だけがアイスランドにおいて注目されていた)
❷	**The old system** should **thus** not be used. (したがって、古いシステムは使用するべきでない)	**For this reason**, it is not a good idea to use the **old system**. (この理由により、古いシステムは使用するべきでない)
❸	Users **should** be distributed evenly. (ユーザーは均等に分散させたほうがよい)	**It is recommended** to distribute users evenly. (ユーザーを均等に分散することが推奨される)
❸	This **can** be done with the new system. (これは新しいシステムで実行可能だ)	**It is possible** to do this with the new system. (新しいシステムでこれを実行することが可能だ)
❹	We have been studying this problem **for three years.** (我々は3年間この問題を研究している)	**They are three years** that we study this problem. (同)
	For three years we have been studying this problem and we still have no results. (我々は3年間この問題を研究しているが、結果はまだ出ていない)	**It is since three years** that we study this problem. (同)

16.4　本動詞の登場を遅らせる長い主語を作らない

動詞はできるだけ文頭に近く、かつ主語と隣り合うように置く。主語が長すぎると、読み手は動詞になかなかたどり着けない。以下の対策を心がけよう。

❶ 受動態よりも能動態を使う（→**10.3節**）。

❷ 文の前半に動詞を置く。そのためには動詞や語順の変更が必要になる場合もあ

る。

❸ 長すぎる1文は2文に分けて短くする。

	○ 良い例	× 非推奨
❶	**ABC generally employs** people with a high rate of intelligence, a proven talent for problem-solving, a passion for computers, along with good communication skills. (ABC社は原則として高い知性、問題解決のための確かな才能、コンピュータへの情熱、そして優れたコミュニケーション能力を持つ人を採用している)	People with a high rate of intelligence, a proven talent for problem-solving, a passion for computers, along with good communication skills **are generally employed** by ABC. (高い知性、問題解決のための確かな才能、コンピュータへの情熱、そして優れたコミュニケーション能力を持つ人が原則としてABC社に採用される)
❷	This data shows that **there are** significant correlations between …. (このデータは～の間に大きな相関があることを示している)	This data shows that significant correlations between the cost and the time, the time and the energy required, and the cost and the age of the system **exist**. (このデータは、コストと時間、時間と所要エネルギー、コストとシステムの使用年数に大きな相関があることを示している)
❷	Fonts **can be easily configured** as well as filters, ticker settings, blotters, and message bars. (フォントはもちろん、フィルター、ティッカー機能、ブロッター、メッセージバーも簡単に設定できる)	Fonts, filters, ticker settings, blotters, and message bars **can easily be configured**. (フォント、フィルター、ティッカー機能、ブロッター、およびメッセージバーも簡単に設定できる)
❸	People with a high rate of intelligence **are generally employed** by ABC. They must also have other skills including: a proven talent for problem-solving …. (ABC社は原則として高い知性を持つ人を採用している。その他にも問題解決のための確かな才能、～などの能力も持っていなければならない)	People with a high rate of intelligence, a proven talent for problem-solving, a passion for computers, along with good communication skills **are generally employed** by ABC. (❶と同)

16.5 主語と動詞の倒置

❶ 動詞、be動詞、助動詞（have, had, will, wouldなど）を含む疑問文では、主語と動詞の順を逆転させる。

❷ haveは通常の動詞と同様に扱う。

❸ what, which, who, where, whyを疑問文の中で使っていない場合、主語と動詞は逆転させない。

	○ 良い例	× 悪い例
❶	**Are doctors** becoming the new drug representatives? **Can we** allow them to have this role? How long **has this situation** been going on? **Would it** be right to intervene?（医師は新薬の販売員になりつつあるか？ このような役割を担わせてよいのか？ この状況はいつから続いているものなのか？ 介入してよいだろうか？）	**Doctors are** becoming the new drug representatives? **We can** allow them to have this role? How long **this situation has** been going on? **It would** be right to intervene?（同）
❷	**Do we have** the resources to educate all children?（すべての子どもたちに教育を受けさせるだけのリソースがあるのか？）	**Have we** the resources to educate all children?（同）
❸	We were unable to identify **what the problem was.**（何が問題なのか明らかにすることはできなかった）	We were unable to identify **what was the problem.**（同）
❸	The authors did not state **where their data came from.**（著者らは情報源を明らかにしなかった）	The authors did not state **where did their data come from.**（同）

16.6 only, rarely, seldomによる倒置

❶ onlyや、ある出来事がめったに起きないことを表す頻度の副詞（rarely, seldomなど）を文頭に置く場合、疑問文のように主語と動詞を倒置させる（良い例参照）。

❷ 否定語（never, nothingなど）を文頭に置く場合も、同じルールが適用される。

これらの倒置は構造が複雑になるので、そもそも避けたほうがよい。それよりも通常の語順を使おう（他の良い例参照）。

	○ 良い例	○ 他の良い例	× 悪い例
❶	**Rarely does this happen** when the user is online.（ユーザーがオンラインのとき、これはめったに起こらない）	This **rarely** happens when the user is online.（同）	**Rarely this happens** when the user is online.（同）
❶	**Only when** all the samples have been cleaned, **can you** proceed with the tests.（すべてのサンプルの洗浄が終わって初めて、テストに進むことができる）	**You can only** proceed with the tests when all the samples have been cleaned.（同）	**Only when** all the samples have been cleaned, **you can** proceed with the tests.（同）
❷	**Never** before **had we** seen such a powerful reaction.（これほど強力な反応はかつてなかった）	**We had never** seen such a powerful reaction **before.**（同）	**Never** before **we had** seen such a powerful reaction.（同）
❷	**Not** just by overeating, but through lack of exercise, **do people become** overweight.（食べ過ぎだけでなく、運動不足でも人は太るものだ）	**People become** overweight through lack of exercise, not exclusively from overeating.（同）	**Not** just by overeating, but through lack of exercise, **people become** overweight.（同）

16.7 so, neither, norによる倒置

soやneither/norを使って複数の要素を比較するとき、主語と助動詞を倒置する。

❶ soは肯定文で使う。
❷ neitherとnorは「～も～しない」という意味合いを持ち、否定文で使う。

これらの倒置は構造が複雑になるので、そもそも避けたほうがよい。それよりも通常の語順を使おう（他の良い例参照）。

	○ 良い例	○ 他の良い例	× 悪い例
❶	We found that helium is lighter than air, and **so** did Smith et al [2014].（スミスら［2014］と同様に我々はヘリウムが空気より軽いことを発見した）	**In line with** Smith et al [2014], we found that helium is lighter than air.（同）	We found that helium is lighter than air, and **also** Smith et al [2014].（同）
❷	The alarm did **not** function and **neither did** the back up system.（警報機は作動せず、バックアップ装置も作動しなかった）	The alarm did not function, **moreover** the back up system failed.（同）	The alarm did **not** function, **neither** the back up system.

16.8 直接目的語を間接目的語の前に置く

直接目的語は、「相手に与えるもの」または「相手が受け取るもの」だ。間接目的語は、それを「与える相手」または「受け取る相手」だ（下表の太字）。例えば次の文章でイタリック体になっている単語が直接目的語だ。“The authors sent *their manuscript* to the journal.”（著者らはジャーナルに原稿を送った）。通常の語順は（1）主語（the authors）、（2）動詞（sent）、（3）直接目的語（their manuscript）、（4）前置詞（to）、（5）間接目的語（the journal）となる。

❶ 上記の構造はtoやwithが後続する動詞に多い。

> 例：associate X with Y（XをYに結びつける）、apply X to Y（XをYに適用する）、attribute X to Y（YをXの原因とする）、consign X to Y（XをYに引き渡す）、give X to Y（またはgive Y X）（XをYに与える）、introduce X to Y（XをYに紹介する）、send X to Y（またはsend Y X）（XをYに送る）

❷ 直接目的語が非常に長く、要素が連続している場合は、最初の要素の後に間接目的語を置き、それからalong withを使ってもよい。

❸ ルール❷の代わりにコロン（：）を置き、それから項目を並べてもよい。

❹ 全分野でルール❶が守られているわけではなく、特に数理科学では直接目的語よりも間接目的語が先に来ることがある。

	○ 良い例	× 悪い例
❶	We can separate P and Q with **this tool**.（このツールでPとQを分離できる）	We can separate, with **this tool**, P and Q.（同）

	With **this tool** we can separate P and Q.（同）	
❶	We can associate a high cost with **these values**.（これらの数値を高いコストと関連づけて考えることができる）	We can associate with **these values** a high cost.（同）
❷	We can associate a high cost with **these values**, along with higher overheads, a significant increase in man hours and several other problems.（これらの数値をコストが高いことの他に、経費の増加、人時間の大幅な増加、その他いくつかの問題と関連づけて考えることができる）	We can associate with **these values** a high cost, higher overheads, a significant increase in man hours and several other problems.（同）
❸	We can associate several factors with **these values**: a high cost, higher overheads, ...（これらの数値をいくつかの要因と関連づけて考えることができる：高いコスト、経費の増加～）	
❹	This is a rule that associates with **each element in S** a unique element in T.（これは、Sの各要素にTの固有の要素を関連づける規則だ）	

16.9 句動詞

句動詞とは、前置詞とともに使う動詞だ。かなりカジュアルで話し言葉だと考えられているため、論文ではあまり使われない。また、同じ句動詞に複数の意味が存在する場合があり、読み手が混乱するかもしれない。

しかし、back up（支持する）、break down（行き詰まる）、bring up（育てる）、carry out（実行する）、cut down（削減する）、draw up（作成する）、ease off（軽減する）、fall through（失敗に終わる）、fill in（空所を埋める）、give off（放つ）、go through（調べる）、iron out（取り除く）、kick off（開始する）、look forward to（楽しみにして待つ）、phase out（段階的に除去する）、point out（指摘する）、run into（衝突する）、set up（設立する）、wear out（すり減らす）などの句動詞は、論文、レポート、メールなどアカデミアでも使用されている。

句動詞はいくつかのカテゴリーに分けられるが、動詞によって分かれるわけではない。直接目的語の位置によってある程度分類できる。

❶［動詞＋目的語＋前置詞］の構造をとる動詞
❷［動詞＋前置詞＋目的語］の構造をとる動詞
❸ 動詞によっては上記のどちらでもよい。動詞と前置詞を分離すると、インフォーマルな度合いが高まる。

どのカテゴリーか自信のない場合は、［動詞＋前置詞＋目的語］の構造をとり、目的語には代名詞を使わず、具体的な単語を使おう。また、carry outの代わりにperform、cut downの代わりにreduce、go throughの代わりにexamineなど、可能であれば別の動詞を使おう。

	○ 動詞＋目的語＋前置詞	○ 動詞＋前置詞＋目的語	× 悪い例
❶	Smith **pointed this out** in his seminal paper. (スミスは自身の影響力のある論文でこれを指摘した)		Smith **pointed out this** in his seminal paper. (同)
❷		We **came across your paper** by chance. (我々はあなたの論文を偶然見つけた) We **came across it** by chance. (我々はそれを偶然見つけた)	We **came it across** by chance. (我々はそれを偶然見つけた)
❸	Smith **pointed this fact out** in his seminal paper. (スミスは自身の影響力のある論文でこの事実を指摘した)	Smith **pointed out this fact** in his seminal paper. (同)	Smith **pointed out it.** (スミスはそれを指摘した)
❸	We have **set a new project up**. (我々は新規プロジェクトを立ち上げた)	We have **set up a new project**. (同)	We have **set up it**. (我々はそれを立ち上げた)
❸	We **carried it out** in two stages. (我々はそれを2段階に分けて実施した)	We **carried out the research.** (我々は研究を実施した)	We **carried out it** in two stages. (同)

16.10 ［名詞＋名詞］［名詞＋of＋名詞］の構造

❶［名詞＋of＋名詞］の構造（例：the University of Manchester）と［名詞＋名詞］の構造（例：Manchester University）のどちらを使ってもよい場合がある。残念ながら、両方使えるのか、そして両方同じ意味なのかを判断するための基準はない（➔**2.4節**）。所有格（-'s）を使う場合のルールは**第2章**を参照のこと。

❷［名詞＋of＋名詞］の形は、piece（個・本）、series（組）、bunch（束）、group（集団）、herd（群れ）などの単語と組み合わせて使うことが多い。

❸［名詞＋of＋名詞］の形をまったく使えないこともある。ofを使うことで最初の名詞が2番目の名詞でできていることを意味してしまう場合があるからだ。例えば、実際に金でできた指輪について書くならa ring of goldとしてもよい。

❹ 一般的に、装置や方法などの名称であれば、名詞や形容詞の並列が許容される。

	○ 良い例	× 悪い例
❶	**Methods of** payment / **Payment** methods（支払い方法）	**Payment's** methods（同）
❶	A **law of nature**（自然の法則）	A **nature law** / A **nature's law**（同）
❶	A **software program** and a **hardware device**（ソフトウェアプログラムとハードウェア装置）	A **program of software** and a **device of hardware**（同）
❶	Title: **Syringe exchange** and **risk of infection**（タイトル：シリンジ交換と感染リスク）	Title: The **exchange of syringes** and **risk infection**（同）
❷	The **series of plugs** was used together with two **groups of switches** and an innovative **piece of electrical equipment**.（一連のプラグを、スイッチ2組および革新的な電気機器と組み合わせて使用した）	The **plug series** was used together with two **switch groups** and an innovative **electrical equipment piece**.（同）
❸	A **shoe shop**（靴屋）	A **shop of shoes**（靴でできた店）
❹	A recently developed reverse Monte Carlo quantification method（最近開発された逆モンテカルロ定量化方法）	

❹	A Hitachi S3500N environmental scanning electron microscope（日立環境型走査電子顕微鏡S3500N）

16.11 名詞の連続：できるだけ前置詞を使う

❶ 単語間のつながりがわかりにくくなるようであれば、名詞の並列を避ける。前置詞を使って、意味をはっきりさせよう。特に論文のタイトルを書くときには注意する。理解できないタイトルの論文は人を読む気にさせないだろう。

❷ 名詞の連続を避けるためには、所有や帰属を意味するof、目的や用途を意味するfor、手段や方法を意味するbyなどの前置詞を使う。名詞ではなく動詞を使うこともできる。それぞれの名詞がどのような関係にあるかはっきりさせられるだろう。

	○ 良い例	× 悪い例
❶❷	Least Toxic Methods **for** Pest Control（害虫駆除のための最も毒性の低い方法）	Least Toxic Pest Control Methods（同）
		Pest Control Least Toxic Methods（同）
❶❷	Quantifying surface damage **by measuring** the mechanical strength of silicon wafers.（シリコンウェハの機械的強度を測定して表面ダメージを数量化する）	Silicon wafer mechanical strength **measurement** for surface damage quantification.（同）
❷	The streets **of** San Francisco.（サンフランシスコの通り）	San Francisco streets（同）
		San Francisco's streets（同）
❷	For **reasons of space**, we will not consider ....（紙面の都合上、～については扱わない）	For **space reasons**, we will not consider ....（同）
❷	Instructions **for boiling** potatoes（ジャガイモを茹でるときの手順）	Potato boiling instructions（同）

16.12 名詞を並べる順序の決め方

残念ながら、どの名詞から最初に書けばよいのかについて明確な規則はない。分野によって異なる慣習もある。名詞の語尾に所有格の -'s をつける規則については**第2章**を参照のこと。

❶ 一般的には、最初の名詞が形容詞のような働きをして、次の名詞を説明していることが多い。この場合、通常は広い意味を持つ名詞のほうが後ろに来る。

❷ 英語には一貫性に欠ける側面がある。例えば family という言葉は、人についてなのか、昆虫や花などについてなのかによって使い方に違いがある。人間の家族については、名字＋family の順、昆虫学や植物学などでは、family＋種の順となる。

	〇 良い例	〇 使用可能
❶	Press the **Control key**. (コントロールキーを押す)	
❶	Use **Track Changes** to make your revisions. (修正をするときには「変更履歴」を使う)	
❷	More has been written about the **Kennedy family** than perhaps any other family in the history of the United States. (ケネディ家については、アメリカ史上おそらく他のどの家族よりも多く記述されている)	These mites are included in the **family *Tetranychidae***, Order Acarina, Class Arachnida. (これらのダニは、蛛形綱、ダニ目、ハダニ科に属する)

16.13 前置詞の位置：which, who, whereとの関係

which, who, where が前置詞を必要とするとき、その前置詞には2つの位置が考えられる。

❶ which, who, where の直前。フォーマルなスタイルで、硬い印象を与える可能性がある。with whom, from whom など who は whom に変わることに注意しよう。

❷ 動詞句の後。インフォーマルなスタイルで、一般的。

❸ すでに関係代名詞の前に前置詞が1つ置かれている場合、2つ目の前置詞は文末

に置く。

❹ byをwhichと切り離すことはできない。

	which/who/whereの直前	動詞句の後
❶ ❷	We want to know **to which** group the member belongs. (私たちはそのメンバーがどのグループに属しているかを知りたい)	We want to know **which** group the member belongs **to.** (同)
❶ ❷	We want to know **from where** he comes. (私たちは彼がどこから来たかを知りたい)	We want to know **where** he comes **from**. (同)
❶ ❷	These were researchers **with whom** we had worked before. (彼らは我々が以前、一緒に仕事をしたことのある研究者たちだった)	These were researchers **who** we had worked **with** before. (同)
❶ ❷	Interviewees mark all the statements **with which** they agree. (インタビュー回答者は、同意するものすべてに印をつけることになっている)	Interviewees mark all the statements **which / that** they agree **with**. (同)
❶ ❷	The clinical symptoms of the children **from whom** the virus was isolated were similar to those found in adults. (ウイルスが検出された小児の臨床症状は、成人に見られるものと類似していた) ＊fromの位置に注意。	The clinical symptoms of the children **who** the virus was isolated **from** were similar to those found in adults. (同) ＊論文にはインフォーマルすぎる。
❸		This *depends on* **which** group the member belongs **to**. (これは、そのメンバーがどのグループに属しているかによって異なる)
❹	The means **by which** the ER environment is regulated have yet to be elucidated. (ERの環境を制御している仕組みは、まだ解明されていない)	

第17章
語順：副詞

17.1 頻度の副詞とalso, only, just, already

always, sometimes, occasionally, neverなどの頻度の副詞やalso, just, already, onlyのような語は通常、次の位置に置く。

❶ 本動詞の直前。
❷ ［助動詞＋動詞］の構造ではこの間。
❸ be動詞の現在形や過去形の後ろ。
❹ 特に強調する場合、sometimes, occasionally, often, normally, usuallyなどは文頭に置いてもよい。
❺ onlyが動詞ではなく名詞を修飾している場合、名詞の前に置く。文末に置く使い方は例外的だ。

	○ 良い例	× 悪い例（*印は可能だが一般的ではない）
❶	You **only/also/just** need to sign the document.（書類に署名しさえすればよい／署名をする必要もある／署名しさえすればよい）	You need **only/also/just** to sign the document.（同）
❶	We don't **usually** go abroad on holiday.（私たちは休暇で海外に行くことがあまりない）	We **usually** don't go abroad on holiday.*（同）
❷	We would **never** have seen him otherwise.（そうでなければ、彼に会うことはなかっただろう）	We **never** would have seen him otherwise.*（同）
❷	This may not **always** have been the case.（常にそうではなかったかもしれない）	This may not have been **always** the case.（同）
❸	They are **always** late in sending their manuscripts to the editor.（彼らは編集者に原稿を送るのがいつも遅い）	They are late **always** in sending their manuscripts to the editor.（同）

④	**Normally** X is used to do Y, but **occasionally** X can be used to do Z. (通常、XはYを行うために使用されるが、Zを行うために使用できることもある)
⑤	**Only** Emma has been to Japan. (エマだけは日本に行ったことがある) *それ以外の人は日本に行ったことがない。
	Emma has **only** been to Japan. (エマは日本にだけ行ったことがある) *中国や韓国に行ったことはない。

17.2 確かさの度合いを表す副詞

probably, certainly, definitelyなど確かさの度合いを表す副詞は次の位置に置く。

❶ 本動詞の直前。
❷ 否定語(notやdon't, won't, hasn'tなど短縮形)の直前。

	○ 良い例	一般的ではない例	× 悪い例
❶	She will **certainly** come. (彼女は間違いなく来るだろう)	She **certainly** will come. (同)	She will not come **certainly**. (同)
❷	She will **probably not** come. (彼女はおそらく来ないだろう)	She **probably** will **not** come. (同)	She will not **probably** come. (同)
	She **probably won't** come. (同)		She will **not** come **probably.** (同)
❷	She **definitely hasn't** read it. (彼女は絶対にそれを読んでいない)	She **hasn't definitely** read it. (同)	

17.3 様態の副詞

様態の副詞とは、どのようにするか(quicklyなど)や、どの程度するか(completelyなど)を表すものだ。様態の副詞の中には、動詞の前に置けるものがある。

しかし、様態の副詞は「すべてが常に」動詞や名詞の後ろに置けるため、常に後ろに置くほうがミスを予防できるだろう。

❶［主語＋動詞＋様態の副詞］
❷［主語＋動詞＋名詞＋様態の副詞］

	○ 良い例	× 悪い例
❶	This program could help **considerably**.（このプログラムはかなりの助けになるはずだ）	This program could **considerably** help.（同）
❷	This program will help system administrators **considerably**.（このプログラムはシステム管理者に相当役立つだろう）	This program will help **considerably** system administrators.（同）
	This program will help system administrators **considerably** to do x, y and z.（このプログラムはシステム管理者がx、y、zをするために相当役立つだろう）	This program will help **considerably** system administrators to do x, y and z.（同）

17.4 時間を表す副詞

❶ 通常、フレーズの最後に置く（特に2ワード以上の場合）。
❷ 対比させて使う場合、最後に置く。
❸ today, tomorrow, tomorrow eveningなどを強調したい場合、文頭に置いてもよい。

	○ 良い例	× 悪い例
❶	We will go there **once or twice a week/as soon as possible**.（私たちは週1~2回／できるだけ早くそこへ行きます）	**Once or twice a week/as soon as possible** we will go there.（同）
❶	We will go there **immediately**.（私たちはただちにそこへ行きます）	We will **immediately** go there.（同）
		We will go **immediately** there.（同）

	○ 良い例	× 悪い例
❷	We will go there **tomorrow morning not tomorrow evening.** (私たちは明日の夕方ではなく、明日の朝にそこへ行きます)	**Tomorrow morning** we will go there **not tomorrow evening.** (同)
❸	**Today**, we are going to talk about the position of adverbs. (今日は副詞の位置について話します)	We **today** are going to talk about the position of adverbs. (同)

17.5 first(ly), second(ly)を使って列挙するとき

❶ firstlyやsecondlyなどの副詞は、フレーズの最初に置く。論文ではfirstly/first, secondly, thirdly, fourthly…のほうがsecond, third, fourth…よりも好ましい。firstの後にはsecondlyよりもthenを使うことが多い。

❷ thenは文頭に置くこともできるが、本動詞の前に置くほうが一般的だ。

	○ 良い例	× 悪い例
❶	**First/Firstly**, we will do X. Then we will do Y. **Finally**, we will do Z. (まず、Xを行う。次にYを行う。最後にZを行う)	We will **firstly** do X. Then we will do Y. We will **finally** do Z. (同)
❷	Initially, we used X. **Then** we decided to use Y. (当初はXを使っていた。その後、Yを使うことにした)	
	At the beginning we used X, we **then** decided to use Y. (同)	

17.6 意味が複数ある副詞

動詞の前に置くか後ろに置くかによって意味が変わる副詞もある。

❶ 動詞の前にnormallyを置くと「通常は」、後に置くと「正常に」(この用法はあまり一般的ではなく、in normal wayのほうが一般的) を意味する。

❷ 動詞の前にclearlyを置くと「疑いなく明らかに」、後に置くと「理解しやすく明らかに」を意味する。

❸ 動詞の前にfairlyを置くと「かなり」、後に置くと「適切な割合で」を意味する。

	動詞の前	動詞の後
❶	Patients **normally** undergo rehabilitation after such accidents. (そのような事故の後、患者は通常、リハビリを受けることになる)	After six months of rehabilitation 65% of the patients were able to walk **normally** (i.e. without assistance). (6ヵ月間のリハビリテーションの後、65%の患者が正常に、つまり介助なしで歩けるようになった)
❷	**Clearly**, the authors have not followed the instructions carefully. (明らかに著者らは指示を丁寧に守っていない)	The instructions were not written **clearly**, in fact they were almost impossible to understand. (説明書はわかりにくかった。実際のところほぼ理解不可能だった)
❸	The article is **fairly** well written, but needs improving in several areas. (論文はかなりよく書けているが、何点かの改善が必要だ)	Profits were not distributed **fairly** amongst the shareholders, which led to several complaints. (利益が株主の間で公平に配分されなかったため、複数の苦情が出た)

17.7 否定語はフレーズの先頭付近に置く

否定語（no, not, nothingなど）は重要な情報を持つため、できるだけ文頭に近い場所に置く。肯定的ではなく否定的なことを伝える合図となる。センテンスの後半に否定語を置くと誤解を招くかもしれない。以下の否定語は本動詞から離さないようにしよう。

❶ notやno。
❷ only, rarely, seldom, neverなど否定的な意味のある副詞。
❸ なお、whetherにor notを組み合わせるときは、動詞の位置に注意する。

	○ 良い例	好ましくない	× 悪い例
❶	This **did not** seem to be the case. (これは事実でなかったようだ)		This seemed **not** to be the case. (同)

❶	There is **almost no** documentation on this particular matter. (本件に関してはほとんど資料が存在しない)	Documentation on this particular matter **is almost completely lacking**. (同)	
❶	We did **not** find **anything** to contradict these results. (結果に矛盾するものは何も見つからなかった) = We found **nothing** to contradict these results.		We found to contradict these results **nothing**. (同)
❶	Finally, **no** noticeable post-copulatory behaviour was observed in this species. (最後になるが、本種には交尾後の顕著な行動が観察されなかった)	Finally, a noticeable post-copulatory behaviour was **not** observed in this species. (同)	
❶	The referees **did not find** the results interesting. (査読者はこの結果に興味を示さなかった)		The referees found the results **not** interesting. (同)
❶	Our results revealed that there is **no** relationship between X and Y. (結果的に、XとYの間に関係がないことが判明した)	Our results revealed that a relationship between X and Y does **not** exist. (同)	
❷	This **rarely** happens when the user is online. (これはユーザーがオンラインのときにほとんど発生しない)		The number of times this happens when the user is online is generally **very few**. (ユーザーがオンラインのときにこれが発生する回数は通常わずかだ)

			The frequency of this event when the user is online is **rare.** (ユーザーがオンライン時に起こるこの事象の頻度はまれだ)
❷	We **only** realized this at the end of the tests. (そのことに気づいたのは、試験の終わりになってからだった)	We realized this **only** at the end of the tests. (同)	
❸	This study investigates the influences affecting a physician's decision **whether or not** to prescribe medicines. (本研究では、薬剤を処方すべきかどうかの医師の判断に影響を与える要因について検討している) = This study investigates the influences affecting a physician's decision **whether** to prescribe medicines **or not.**		This study investigates the influences affecting a physician's decision **whether** to prescribe **or not** medicines. (同)

第18章 語順：形容詞と過去分詞

18.1 形容詞

形容詞は修飾する名詞の前に置くことが多い。重要な情報を持つことの多い形容詞を名詞の前に置けば、名詞の意味がはっきりする。

例：He has a *red* car, I have a *blue* car.（彼は赤い車、私は青い車を持っている）

❶ 修飾する名詞の前に形容詞を置く。
❷ 名詞を後ろから形容詞で修飾する場合は、その名詞の後ろに［that/which/who＋動詞＋形容詞］と続ける。
❸ ただし、availableとpossibleは例外で、名詞の直後に置かれることが多い。
❹ 通常、名詞と名詞の間に形容詞を置かない。
❺ 修飾していない名詞の前に形容詞を置いてはならない。

	○ 良い例	× 悪い例
❶	This is a **good and interesting** book.（これは優れたおもしろい本だ）	This is a book **good and interesting.**（同）
❶	He is an **intelligent** student.（彼は聡明な学生だ）	He is a student **intelligent**.（同）
❷	He is a **student who is intelligent** enough to pass the exam.（彼は試験に合格できる力を備えた聡明な学生だ）	He is a **student intelligent** enough to pass the exam.（同）
❸	The software **available** does not solve this problem.（手持ちのソフトウェアではこの問題を解決できない）	The **available** software does not solve this problem.（同）
❸	This appears to be the only solution **possible / possible** solution.（これが唯一の解決策と思われる）	

❹	The **main** features of the software. (本ソフトウェアの主な特徴)	The software **main** features. (同)
❹	The **computational** complexity of the algorithm. (そのアルゴリズムの計算複雑性)	The algorithm **computational** complexity. (同)
❺	The **main contribution** of the document. (その文書の主要な貢献)	The **main document** contribution. (その主要な文書の貢献)

18.2 形容詞の語順

❶ 形容詞の並べ方の大まかな目安は、「大きさ＋年数＋色＋産地＋素材＋用途」だ。
❷ 語順を決めるときは、まず関連する名詞とともによく使われる形容詞（または形容詞として機能する名詞）を選ぶ。

例：software solutions

次に、さらに最高3つまで形容詞を追加する。

例：an extremely effective (and) innovative software solution
（極めて効果的で革新的なソフトウェアソリューション）

この例では、effectiveとinnovativeは同じような働きをしているため配置を換えてもよい。extremelyはeffectiveとinnovativeの両方にかかる形容詞なので、これら2つの形容詞よりも前に置かなければならない。

❸ 形容詞が過去分詞を修飾する場合、その形容詞は過去分詞の後ろに置く。
❹ 形容詞の位置によって、語句の意味が変わることもある。
❺ 形容詞を名詞に変更したり、語順を変更したりすることで伝わりやすい文になることがある。

	○ 良い例	× 悪い例
❶	His swimming costume, which was large, old and red, was made in England and from cotton. It was found in .... (彼の水着は、大きくて古くて赤く、イギリス製の綿素材のものだった。それが見つかったのは～) = His large old red English cotton swimming costume was found in	A red old English cotton large swimming costume. (赤くて古く、イギリス製の綿素材の大きな水着)
❷	The **low stock size** of **edible Asian species** has led to the need for new resources overseas. (アジア産の食材の在庫量が不足しているため、海外での新たな資源確保が必要になっている)	The **stock low size** of **Asian edible species** has led to the need for new resources overseas. (同)
❷	All the **ready-to-eat jellyfish products** that were examined had been contaminated. (調査した調理済みクラゲ製品のすべてに異物が混入していた)	All the **examined jellyfish ready-to-eat products** had been contaminated. (同)
❷	The **mean daily air temperature** was measured. (1日の平均気温を計測した)	The **mean air daily temperature** was measured. (同)
❸	They were **colored red and white.** (赤と白に着色されていた)	They were **red and white colored.** (同)
❹	The **female's first choice** was .... (その女性の第一希望は～だった) ＊関係する女性は1人しかいない。 The **first female's choice** was .... (最初の女性の選択は～だった) ＊少なくとも2人目の女性がいたことを示唆している。	A variety of choices were offered both to the male and the female. Interestingly, the **first female's choice** was .... (同)
❺	Products sold in Chinese communities **in France.** (フランスの中国人コミュニティで販売されている製品)	Products sold in **French** Chinese communities. (同)

18.3 形容詞がどの名詞にかかっているのかをはっきりさせる

形容詞の後に名詞が2つ続く場合、最初の名詞だけにかかるのか、最初の名詞と2番目の名詞の両方にかかるのか明確でないことがある。複数の解釈が可能な書き方になっているときは、語順を替えなければならない。

❶ 例えば表の「悪い例」では形容詞（new）が最初の名詞（teachers）だけを修飾しているかどうかが不明瞭だ。名詞の順番を替えるか、それぞれの名詞を異なる形容詞で修飾する。

❷ 1つの形容詞で2つの名詞を修飾させたいが曖昧になりそうな場合、形容詞を両方の名詞の前に置くか、文を書き直す。

	○ 良い例	× 悪い例
❶	The course is intended for students and **new teachers.**（そのコースは、学生と新人教師を対象としている） = The course is intended for **new teachers** and **all students.**	The course is intended for **new teachers and students.**（そのコースは、新しい教師と生徒を対象としている）
❷	The course is intended only for **new** teachers and **new** students.（そのコースは、新人教師と新入生のみを対象としている） = The course is intended only for **newcomers: both** teachers and students.	The course is intended for **new teachers and students.**（同上）

18.4 過去分詞

❶ 名詞を後ろから修飾できる過去分詞は多いが、前から修飾できる過去分詞は少ない。したがって、迷ったときには過去分詞を後ろに置いたほうが無難だ。

❷ 場合によっては両方の位置が可能だが、過去分詞を名詞の後ろに置く場合、その後に詳しい説明が続くことが多い。

❸ usedには注意が必要だ。名詞の前では「中古の」という意味、名詞の後では「使用されている」という意味になる。

	○ 良い例	× 悪い例または一般的ではない
❶	It shows details of all the **results found.**（得られたすべての結果の詳細を示している）	It shows details of all the **found results.**（同）
❶	The **data reported** show that ….（報告されたデータは～と示している）	The **reported data** show that ….（同）

❶	We detail the main **social actors involved** along with all the **materials consumed.** (消費されたすべての材料だけでなく、関与した主な社会的アクターを合わせて詳述する)	We detail the main **involved social actors** along with all the **consumed materials.** (同)
❶	The **alternatives considered** and the way the problem is structured may vary in interpretation. (検討された代替案と問題の構成方法は、解釈が異なるかもしれない)	The **considered alternatives** and the way the problem is structured may vary in interpretation. (同)
❷	It shows details of all the **specified actions.** (それは指定されたすべてのアクションの詳細を示している)	
	It shows details of all the **actions specified.** (同) ＊マニュアル向け。	
❷ ❸	This was the **application used** by the testers. (これは試験者が使用したアプリケーションだ)	This was the **used application** by the testers. (同)
❸	I bought a **used car.** (中古車を購入した)	

1
2
3
4
5
6
7
8
9
10
11
12
13
14
15
16
17
18
19
20
21
22
23
24
25
26
27
28

第19章

比較級と最上級

19.1 比較級と最上級の作り方と用法

❶ 単音節の形容詞（big, long, hardなど）を比較級や最上級にするときは、基本的に必ず-er/-estを語尾につける（例外：trueは単音節だがmore trueまたはtruer。一方でrealは単音節だがmore real）。3音節以上の形容詞はすべてmore/mostが必要だ。

❷ 2音節の母音で終わる形容詞（例：easy, happy, narrow）は-er/-estを使い、子音で終わる形容詞（例：complex, massive, useful）はmore/mostを使う。clever, common, friendly, gentle, quiet, simpleは、どちらの形でもよい（例：most common, commonest）。スペルのルール（→28.1節）も参照のこと。

❸ 2つのものまたは2つのグループを比較するときに比較級（例：bigger, better, more beautiful）を使う。

❹ 絶対評価をする場合、最上級形（例：the biggest, the best, the most beautiful）を使う。ルール❻の場合を除き、すべての最上級形の前にtheを置く。

❺ good-better-best, bad-worse-worst, far-further-furthest（またはfar-farther-farthest）などの不規則変化に注意しよう。

❻ 補語の位置の形容詞を最上級にする叙述用法の場合、最上級はtheの有無で意味が変わることがある。例えばPoverty in London was the highest in England（ロンドンの貧困がイングランドで最も深刻だった）は、highestにtheをつけている。これは他にも都市が多数あることを前提に、ロンドンの貧困について述べている。Poverty was highest in England（貧困はイングランドで最も深刻だった）は、highestにtheがついていない。都市を限定せず、イングランドの貧困について述べている。

	○ 良い例	× 悪い例
❶	This is the **biggest** and **most productive** machine in the world.（これは、世界で最も大きく、最も生産性の高い機械だ）	This is the most **big** and **productivest** machine in the world.（同）

❷	This is the **busiest** and **heaviest** period of the year, but yet also the **most peaceful**. (1年のうちで最も忙しく、最も過酷な時期でありながら、最も平和な時期でもある)	This is the **most busy** and **most heavy** period of the year, but yet also the **peacefullest**. (同)
❸	Brazil is **bigger** than Argentina. (ブラジルはアルゼンチンより大きい)	Brazil is **biggest** than Argentina. (同)
❸	The system performed **better / worse / less efficiently / more efficiently** in the first test than in the second test. (システムは2回目のテストより1回目のテストのほうが優れていた/劣っていた/効率が悪かった/効率がよかった)	The system performed **best / worst / least efficiently / most efficiently** in the first test than in the second test. (同)
❹	The application returns only the **most relevant** results. (そのアプリケーションは、最も関連性の高い結果のみを返す)	The application returns only the **more relevant** results. (同)
❹	It always chooses the **best** solution. (それはいつも最適な解決策を選ぶ)	It always chooses the **better** solution. (同)
❹	Mumbai and Sao Paulo are big cities, but Tokyo is **the biggest** and **most populated** in the world. (ムンバイやサンパウロは大都市だが、東京が世界最大で人口密度も最も高い都市だ)	Mumbai and Sao Paulo are big cities, but Tokyo is **the bigger** and **more populated** in the world. (同)
❹	This candidate was certainly **the best**. (この候補者は確かに最高だった)	This candidate was certainly **best**. (同)
❺	They traveled **further** than the others. (彼らは他の人たちよりも遠くまで旅をした)	They traveled **farer** than the others. (同)
❻	Production was **lowest** among IT companies. (生産性はIT企業が最も低かった) = **The lowest values** of production were achieved by IT companies.	Production was **the lowest** among IT companies. (同)
❻	Mortality / Obesity / Reliability / Efficiency / Concentration was **highest** in / among / for patients diagnosed with .... (死亡率/肥満度/信頼性/効率/濃度は～と診断された患者で最も高かった) = **The highest levels** of mortality	

19.2 位置

❶ 比較級と最上級は、修飾する名詞の前に置く。

❷ 名詞の後に置く必要があるときは、その名詞を先行詞にした関係詞節にする。

	○ 良い例	× 悪い例
❶	This solution has **more serious** drawbacks than the other solution.（この解決策は、他の解決策よりも深刻な欠点を抱えている）	This solution has drawbacks **more serious** than the other solution.（同）
❷	The application returns only the **results that are the most relevant.**（そのアプリケーションは、最も関連性の高い結果のみを返す）	The application returns only the **results most relevant.**（同）

19.3 同等性の比較

❶ 2つ以上の要素の優劣を比較する場合、thanを使う。不必要にwith respect to / in comparison to / compared toを使用しない。

❷ 何かが同じであることを示す場合、the same … asを使う。

❸ ある特定の性質において2つのものが同等である場合、as … asを使う。

❹ 同等性を否定する場合、単音節の形容詞であればnot as … asを使う。多音節の形容詞にはlessを使う傾向があるが、not as … asも可能だ。

	○ 良い例	× 悪い例
❶	China is bigger **than** the United States.（中国はアメリカより大きい）	China is **bigger of** the United States.（同）
		China is **big with respect to** the USA.（同）
❷	Australia is approximately **the same** size **as** the 48 mainland states of the USA.（オーストラリアは、アメリカ本土の48州とほぼ同じ大きさだ）	Australia is approximately the same size **than / of** the 48 mainland states of the USA.（同）
❸	This book is **as good / expensive as** that book.（この本はあの本と同じくらい優れている/高い）	This book is as good / expensive **than** that book.（同）

	良い例	悪い例
❹	This solution **is not as good as** the other one.（この解決策は、他の解決策と比べるとあまり良いものではない）	This solution is **less good than** the other one.（同）
❹	The first is **not as good as** the second.（最初のほうは、2番目のほうと比べるとあまり良くない）	The first is not so good **like** the second.（同）
❹	This solution is **not as efficient as** the other one.（この解決策は、もう一つの解決策と比べると効率的ではない） = This solution is **less efficient than** the other one.	This solution is less efficient **as** the other one.（同）

19.4 the more ... the more

❶「～すればするほどますます……」という意味で使う。主語と動詞を倒置させる必要はない。

❷ 定冠詞theを各比較形の前に置く。

❸ 場合によっては、動詞を必要としないこともある。

	○ 良い例	× 悪い例
❶	In realistic conditions, the more **robust the software is**, the less problems there are.（実際の環境では、ソフトウェアが堅牢であればあるほど、問題は減る）	In realistic conditions, the more **is robust the software**, the less problems there are.（同）
❷	**The more** you use the software, **the easier** it becomes.（そのソフトウェアは使えば使うほど簡単になる）	**More** you use the software, **easier** it becomes.（同）
❸	**The sooner** the job is done, **the better**.（仕事は早く終わらせるに越したことはない）	**The sooner** the job is done, **better is**.（同）

第20章

単位の書き方

表記と発音

基数・序数

表記	発音
101	a / one hundred and one
213	two hundred and thirteen
1,123	one thousand, one hundred and twenty three
58,679	fifty eight thousand, six hundred and seventy nine
2,130,362	two million, one hundred and thirty thousand, three hundred and sixty two
13th	thirteenth
31st	thirty first

暦

表記	発音
10.03.20	the tenth of March two thousand and twenty (イギリス英語)
(日・月・年)	March (the) tenth two thousand and twenty も可 (イギリス英語)
(月・日・年)	October third two thousand twenty (アメリカ英語)
1996	nineteen ninety six nineteen hundred and ninety six
1701	seventeen oh one seventeen hundred and one
2010s	twenty tens

分数、小数、割合

表記	発音
½	a half, one half
¼	a quarter, one quarter
¾	three quarters
0.25	(zero) point two five
0.056	(zero) point zero five six
37.9	thirty seven point nine
10%	ten per cent
100%	one hundred percent

平方、立方、累乗

表記	発音
$4\ m^2$	four meters squared, four square meters
$5\ m^3$	five cubic meters, five meters cubed
2^5	two to the power of five

金額

表記	発音
€678	six hundred and seventy eight euros
$450,617	four hundred fifty thousand six hundred seventeen dollars
$1.90	a dollar ninety (cents)
¥1.50	one point fifty yen

測定値

表記	発音
1 m 70	one meter seventy
3 m × 6 m	three meters by six
100°	one hundred degrees
−10°	minus ten degrees ten degrees below zero
3.5 kg	three point five kilos

電話番号

表記	発音
0044 161 980 4166	zero zero four four one six one nine eight zero four one double six oh oh four four... (以下同様)
ext. 219	extension two one nine (extension：内線)

20.1 略語と記号：一般的なルール

❶ 人文・社会科学系では、略語や記号よりも非省略形を用いることが多い。
❷ 記号は数字の後に置くのが一般的だ。例外：通貨（¥100、€56など）。
❸ 略語や記号の前の数はアルファベット（例：seven）ではなく、数字（例：7）でなければならない。
❹ 単位の略語は通常、文末でない限りピリオドをつけない。複数形も存在するが一般的ではない。
❺ ほとんどの単位の略語は、すべて小文字で表記する。例外：バイト（GB、KBなど）、微少な量（μL、mL）、温度（C、F）。
❻ 列挙する場合、略語も繰り返すことが多い。
❼ 範囲を指定する場合、単位は後ろの数に添えることが多い。
❽ 数字を伴わない単位の場合、略語を使用しない。

	○ 良い例	× 悪い例
❶	It took King Harold's men **ten days** to cover the **400 kilometers** from York to fight at the battle of Hastings in temperatures that ranged from **twenty degrees below zero to three degrees above.** (ハロルド王の軍勢はマイナス20℃からプラス3℃の気温差のある中、ヘースティングスの戦いのためヨークから400キロメートルを10日で進軍した)	It took King Harold's men **10 d** to cover the **400 km** from York to at the battle of Hastings in temperatures ranging from **–20°C to 3°C**. (同)
❷	The total cost was **$5000.** (合計5,000ドルかかった) = ... was **5000 USD / US dollars**	The total cost was **5000$.** (同)
❸	The patient weighed **65kg.** (患者の体重は65kgだった)	The patient weighed **sixty five kg.** (同)
❹	The patient weighed **65kg** and was **120 cm** tall. (患者の体重は65kg、身長は120cmだった)	The patient weighed **65 kgs** and was **120 cm.** tall. (同)
❺	The patient weighed **65kg.** (患者の体重は65kgだった)	The patient weighed 65**Kg.** (同)
❺	A memory of **3 GB** (メモリは3GB)	A memory of **3gb** (同)
❻	The three patients weighed **65kg, 75kg and 85kg.** (3名の患者の体重はそれぞれ65kg、75kg、85kgだった)	
❼	… from **65 to 85kg.** (……65~85kgだった)	
❽	A few **micrograms** (e.g. **3μg**) …. (数マイクログラム［例：3μg］……)	A few **μg** of (e.g. **3μg**) …. (同)

20.2 単位や略語とスペースの関係

❶ 数値と単位の間にスペースを入れるかどうかに絶対的な決まりはない。投稿するジャーナルのスタイルを確認しよう。

❷ 行頭に単位が来る場合、数と単位の間のスペースを削除するなどしてこれを防ぐ。

❸ コンピュータのメモリの場合、スペースを入れないスタイルが一般的だ。
❹ 序数と -st, -rd, -th の間にスペースを入れない。

	○ 良い例	× 悪い例
❶	The patient weighed **65 kg / 65kg.** (患者の体重は65kgだった)	
❷	These rocks weighed up to **165kg** each. (これらの岩は最高で165kgだった)	These rocks weighed up to **165 kg** each. (同)
❷	The temperature was **–20°C.** (気温は–20℃だった)	This meant that the temperature was **–20°C.** (同)
❸	A **120GB** memory (メモリ120GB)	A **120 GB** memory (同)
❹	He was born on March **10th.** (彼は3月10日生まれだ)	He was born on March **10 th.** (同)

20.3 a/anとtheの使い分け

❶ 1つの単位と別の単位との関連を示す場合、1単位をa/anで表す。
❷ 単位をbyで示す場合、[by＋the＋単位] を使う。
❸ speedやrateなどの後に数字が続く場合、a/anを使う。
❹ speedやrateなどの後に名詞が続く場合、theを使う。

	a/an	the
❶ ❷	Gold may soon cost **$2000 an ounce.** (金はまもなく1オンス2,000ドルで取り引きされるだろう)	Gold is sold **by the ounce.** (金はオンス単位で売買される)
❸ ❹	The disc gyrates at **a speed of 45 rpm.** (ディスクは45rpmの速さで回転する)	The pulses travel outward at **the speed of sound.** (パルスは音速で外側に伝わる)

20.4 測定値の表現：形容詞、名詞、動詞

名詞（例：length, hight）を使った測定値はhaveやbe動詞などを使って表すことが多い。

❶ 数値が名詞の後に来る場合、前置詞ofを使う（例：a width of 2 cm）。数値が名詞の前に来る場合、inを使う（例：2 cm in width）。
❷ 名詞の代わりに形容詞を使うこともある。
❸ 形容詞は名詞の前にも後にも置ける。ハイフンの使い方に注意（➔25.6節）。
❹ 数値を括弧内に書くときは、通常フルセンテンスで書かない。

	○ 良い例	○ 他の良い例
❶	The **length of** the field **was** 200 meters.（フィールドの長さは200メートルだった）	The field **had** a **length of** 200 meters.（同）
	The field **was** 200 meters **in length.**（同）	
❶	These cores **were** approximately **1.5 mm in diameter** and **25 mm in height.**（中心部分は直径約1.5mm、高さ25mmだった）	These cores **had** an approximate **diameter of 1.5 mm** and a **height of 25 mm.**（同）
❷	The girl **was** 120 cm **tall.**（少女は身長120cmだった）	The girl **had** a **height** of 120 cm.（同）
❷	A is **as wide as** B.（Aの幅はBと同じだ）	A is **the same width as** B.（同）
❸	It was a **200-meter-long field.**（長さ200メートルのフィールドだった）	The **field** was **200 meters long.**（同）
❹	Samples were individually stored in fresh glass vials (**diameter: 1 cm; length: 6 cm**) until the testing phase.（実験を行うまでサンプルは未使用のガラスバイアル［直径1cm、長さ6cm］に個別に保存した）	

第21章 数字の書き方

21.1 アルファベットかアラビア数字か：基本のルール

❶ 文頭の数字はアラビア数字を使わずアルファベットで書く。例えば11ではなくelevenとスペルアウトする。

❷ またはアラビア数字が文頭に来ないように文の構造を工夫する。

❸ ルール❷を適用できない場合はスペルアウトする。

	○ 良い例	× 悪い例
❶	**Two hundred** samples were examined.（200サンプルを検査した）	**200** samples were examined.（同）
❷	This feature is not used by **50%** of users.（この機能はユーザーの50%に使用されていない）	**50%** of users do not use this feature.（ユーザーの50%はこの機能を使用していない）
❷	**An amount of 1.85 mL** of distilled water was added to the mixture.（混合物に蒸留水1.85mLを加えた）	**1.85 mL** of distilled water was added to the mixture.（蒸留水1.85mLが混合物に加えられた）
❸	**Seventy per cent** of managers believe that praising employees makes no difference to performance.（経営者の70%は従業員をほめても成績は変わらないと考えている）	**70%** of managers believe that praising employees makes no difference to performance.（同）

21.2 アルファベットかアラビア数字か：その他のルール

❶ 1から11までの数字はスペルアウトする。例えば9ではなくnineと表記する。これは数字よりアルファベット、つまり1よりoneのほうが読みやすいという視覚的な理由のためだ（例外→**21.3節**）。

❷ 読みやすくなるのであれば、11以上でもスペルアウトする。

❸ 1つの数字を表記する際、数字とアルファベットを混在させない。ただし、millionやbillionなどを使う場合は例外だ。

❹ 同じ文章の中で数字とアルファベットを混在させない。

❺ 時間には数字を使う。24時間表記にしてa.m.やp.m.の使用を回避しよう。

	○ 良い例	× 悪い例
❶	For the color measurements, **three** fruits of each cultivar were analyzed. (色の測定のため各品種から3個の果実を分析した)	For the color measurements, **3** fruits of each cultivar were analyzed. (同)
❷	Of the 270 examined faecal samples, 46 were positive for Trichuridae eggs: **six** (2.2%) were positive for *E. boehmi* (Fig. 1a), **twelve** (4.4%) *E. aerophilus* (Fig. 1b) and **thirty-three** (12.2%) for *T. vulpis* (Fig. 1c). (糞便検体270点のうち、46点で鞭虫卵陽性となり、E. boehmi［図1a］が6点［2.2%］、E. aerophilus［図1b］が12点［4.4%］、T. vulpis［図1c］が33点［12.2%］だった)	Of the 270 examined faecal samples, 46 were positive for Trichuridae eggs: **6** (2.2%) were positive for *E. boehmi* (Fig. 1a), **12** (4.4%) *E. aerophilus* (Fig. 1b) and **33** (12.2%) for *T. vulpis* (Fig. 1c). (同)
❷	In **Tables 1 and 2, twenty** samples with .... (表1および2において、サンプル20点～)	In Tables **1 and 2, 20** samples with .... (同)
❸	There were **200,000** people at the conference. (会議には20万人が参加した)	There were **200 thousand** people at the conference. (同)
	There were **two hundred thousand** people at the conference. (同)	
❸	More than half of the Earth's **7.4 billion** inhabitants live in the tropics and subtropics. (地球の人口74億人のうち半分を超える人が熱帯または亜熱帯に住んでいる)	More than half of the Earth's **7,400,000,000** inhabitants live in the tropics and subtropics. (同)
❹	There were **two- to three**-fold increases. (2～3倍の増加があった)	There were **two- to 3-fold** increases. (同)
❺	Rats were fed at **9.00** and **17.00** every day. (ラットには毎日9時および17時に給餌した)	Rats were fed at **9 o'clock** in the morning and at **5 p.m.** every day. (同)

21.3 1から10をアラビア数字で表すとき

❶ 百分率、図、表、測定値を表す場合、数字を使う。

アラビア数字で表記してもよい場合

❷ 範囲を表すときに2つ目の数字が11を超える場合。両方をスペルアウトすることも可能。

❸ 数字が続く場合や、比、割合を表す場合。

❹ 形容詞として機能する場合。ハイフンを忘れないこと（→**25.6節**）。

	○ 良い例	○ スペルアウトしてもよい場合
❶	As shown in **Table 3**, the patient was only **1.20 m** tall and weighed **9 kg**. Her percentage body fat was **9.9%**. (表3に示したように患者は身長1.20m、体重9kgしかなかった。体脂肪率は9.9%だった)	
❷	The process usually takes between **4 and 12** days. (その工程は通常4～12日間かかる)	The process usually takes between **four and twelve** days. (同)
❸	In the last three years the numbers have risen by **11, 6 and 7**, respectively. (過去3年間に数値はそれぞれ11、6、7ずつ上昇した)	In the last three years the numbers have risen by **eleven, six and seven**, respectively. (同)
❸	Multiple mating by females occurred in only **5 out of 34** species. (雌による複数回の交尾は34種中5種にしか発生しなかった)	Multiple mating by females occurred in only **five out of thirty-four** species. (同)
❹	a **3-point** turn (3ポイントターン) a **4-day** week (週4日) a **size-7** component (サイズ7コンポーネント) a **6-year-old** child (6歳児)	a **six-year-old** child (6歳児)

21.4 数字の複数形の表記

❶ スペルアウトした整数は複数形にしない。また、数が形容詞として機能するとき、前置詞は不要だ。

❷ ルール❶の例外はtens, dozens, hundreds, thousandsなど「多数の」という意味で大きな数を大まかに表すときだ。この場合は後ろにofが必要だ。

❸ 分数の分子が2以上の場合、分母を複数形にする。

❹ 読みやすくするため、1桁の数字の複数形はアポストロフィをつけてからsを置く。それ以外の2桁以上の数字（年代など）にアポストロフィは不要だ。
❺ 数字の後に続く名詞が形容詞として機能する場合、その名詞を複数形にしない。ハイフンの使い方を間違わないように注意しよう（➔ 25.6節）。

	○ 良い例	× 悪い例
❶	**Four thousand** experiments have been conducted so far.（これまでに4,000回の実験が実施されている）	**Four thousands of** experiments have been conducted so far.（同）
❷	**Hundreds of** people were at the conference.（何百人もが会議に参加した）	**Hundred** of people were at the conference.（同）
❸	One and a half **hours** (= an hour and a half)（1.5時間） three **quarters** of an hour（45分） four **fifths** of a liter（5分の4リットル） nine **tenths** of a second（10分の9秒）	One and a half **hour** three **quarter** of an hour four **fifth** of a liter nine **tenth** of a second（同）
❹	The table contains only **0's** and **1's**.（表には0と1しか記載されていない）	The table contains only **0s** and **1s**.（同）
❹	In the **1990s**, many airlines flew Boeing **747s**.（1990年代、多くの航空会社がボーイング747を運航していた）	In the **1990's**, many airlines flew Boeing **747's**.（同）
❺	A 51-**year**-old patient（51歳の患者）	a 51 **years** old patient（同）
	multi-**megabyte** memory（複数メガバイトメモリ）	multi **megabytes** memory（同）

21.5 数の単数扱いと複数扱い

❶ 数値や量は単数として扱う。複数の数としてではなく一つの概念として理解される。
❷ there is/wasはその直後に続く名詞が単数のときに使い、there are/wereは複数のときに使う。
❸ 数字はotherで修飾できない。anotherで修飾する。
❹［none＋of＋複数名詞］は複数として扱う。

	○ 良い例	× 悪い例
❶	Two weeks **is** not enough. (2週間では足りない)	Two weeks **are** too few. (同)
❶	Three hundred kilometers **is** not too far. (300kmが遠すぎることはない)	Three hundred kilometers **are** not too far. (同)
❶	Clearly, $1,000,000 **is** a lot of money. (明らかに100万ドルは大金だ)	Clearly, $1,000,000 **are** a lot of money. (同)
❷	In this diagram **there is a** rectangle and two squares. (この図には長方形1つ、正方形2つがある)	In this diagram **there are a** rectangle and a square. (この図には長方形が1つ、正方形が1つある)
	In this diagram **there are two** rectangles and a square. (この図には長方形が2つ、正方形が1つある)	
❸	We need to do **another three** tests. (あと3回の試験を実施する必要がある) = We need to do **three other** tests.	We need to do **other three** tests. (同)
❹	None of the tests **give** optimum results. (いずれの試験も最適な結果を示していない)	None of the tests **gives** optimum results. (同)

21.6 略語、記号、百分率、分数、序数

❶ 数字を略語や記号と組み合わせる場合、アラビア数字を使う。記号にスペルアウトした数を組み合わせない。

❷ 百分率は1語でpercentageやpercent、2語でper centと表す。%ageは誤り。

❸ 百分率の範囲を示す場合、%記号は後ろの数字のみ、または両方につける。

❹ アラビア数字の分数（1/4など）や序数の省略形（2ndなど）を通常の文に使わない（数式、日付、住所などは例外）。

❺ 小数はスペルアウトしない。

❻ 小数点にはピリオド（.）を使う。コンマ（,）は使わない。

❼ 4桁以上の整数はコンマで区切ることが多い（年数や馬力は例外）。

	○ 良い例	× 悪い例
❶	$2,000 / two thousand dollars (2000ドル)	$two thousand (同)

❶	68c / sixty-eight cents (68セント)	sixty-eight c (同)
❶ ❷	45% / forty-five per cent (45%)	forty-five% (同)
❶ ❷	The percentage of students who .... (~の学生の割合は)	The %age of students who .... (同)
❸	The disease is fatal in **2-3%** of cases. (その疾患により2~3%の患者が死亡する)	The disease is fatal in **2%-3** of cases. (同)
	The disease is fatal in **2%-3%** of cases. (同)	
❹	**Two thirds** of those interviewed said that **one fifth** of their income was spent on fuel. (インタビューを受けた人の3分の2が、収入の5分の1を燃料に充てたと答えた)	**2/3** of those interviewed said that **1/5** of their income was spent on fuel. (同)
❹	The **first** and the **second** experiments proved the most successful. (1回目および2回目の実験は大成功した)	The **1st** and **2nd** experiments proved the most successful. (同)
❺	The student scored **2.4** and **2.6** in the first two tests. (その生徒は最初の2回のテストで2.4点と2.6点をとった)	The student scored **two point four** and **two point six** in the first two tests. (同)
❻	The student scored **0.4** and **1.6** in the first two tests. (その生徒は最初の2回のテストで0.4点と1.6点をとった)	The student scored **0,4** and **1,6** in the first two tests. (同)
❼	The faculty has a total of **24,563** students. (その学部には合計24,563名の学生がいる)	The faculty has a total of **24563** students. (同)

21.7 数値の範囲の表記

数値の範囲の表記方法には3種類ある。

*There should be **11–20** participants.*（参加者は11名から20名までだろう）
*There should be **from 11 to 20** participants.*（同）
*There should be **between 11 and 20** participants.*（同）

ハイフンを使う場合（→25.6節）

❶ 数値の範囲を示すとき。スペルアウトするときはtoを使う。

❷ three-fifths（5分の3）、seven-ninths（9分の7）など2つの単語を組み合わせて分数を表すとき。

❸ 年齢や時間を示すとき。時間は複数形にしない。

	○ 良い例	× 悪い例
❶	The courses last **15-20** weeks.（そのコースの期間は15〜20週間だ）	The courses last **fif-teen-twenty weeks.**（同）
❶	The course will last **three to four** weeks.（そのコースの期間は3〜4週間の予定だ）	The course will last **three-four** weeks.（同）
❷	**Three-quarters** of the employees in this institute come to work by car.（この施設で働く従業員の4分の3は車で通勤している）	**Three quarters** of the employees in this institute come to work by car.（同）
❸	**Four-week** holidays can only be taken by **40-year-old** employees.（4週間の休暇は40歳の従業員だけが取得できる）	**Four weeks** holidays can only be taken by **40 years old** employees.（同）

21.8 数や測定値の前の冠詞

冠詞が不要な場合（→第5章）

❶ 百分率や分数を示すとき。

❷ figure, appendix, table, schedule, step, phase, stage, question, issue, task, case, example, sampleなどの単語の後ろに数字が続くとき。

❸ 重量や距離などを示すとき。

❹ on average（平均）の間。

定冠詞（the）が必要な場合（→第4章）

❺ 測定単位を示すとき、[by＋the＋単位]（〜単位で）とする。

❻ 既出の数値。

	○ 良い例	× 悪い例
❶	Almost **80%** of scientific papers are published in English. (科学論文の約80%が英語で発表されている)	Almost **the 80%** of scientific papers are published in English. (同)
❶	More than **half** of the patients were infected with HIV. (半数を超える患者がHIVに感染していた)	More than **the half** of the patients were infected with HIV. (同)
❷	See the table in **Section** 2. (セクション2の表を参照のこと)	See the table in **the Section** 2. (同)
❷	We weighed **Sample 1** and **Sample 2** (see **Figure 3**). (標本1および2を計量した［図3参照］)	We weighed **the Sample 1** and **the Sample 2** (see **the Figure 3**). (同)
❷	Details can be found in **Schedule 2**. (詳細はスケジュール2に示した)	Details can be found in **the Schedule 2**. (同)
❸	The sample weighed **3 kg** / **three kilos**. (標本の重量は3kgだった)	The sample weighed **the 3 kg / the three kilos**. (同)
❹	**On average**, debt rises by about $400 a month. (平均して1ヵ月約400ドルずつ負債が増加する)	**On the average**, debt rises by about $400 a month. (同)
❺	Gold is sold by **the ounce** while coal sells by **the ton**. (金はオンス単位、石炭はトン単位で取引される)	Gold is sold by **ounce** while coal sells by **ton**. (同)
❻	Values must not go over a 90% threshold. This means that any values that go over **the 90%** threshold are not considered. (値は90%の閾値を超えてはならない。90%の閾値を超える値はいずれも対象外ということだ)	

21.9 時を表す単語の前の無冠詞と定冠詞

❶ 月（July, Augustなど）や年（1992, 2013, 2024など）の前に冠詞はつけない（→第5章）。

❷ 10年単位（decade）、100年単位（century）の場合、定冠詞をつける（→第4章）。

	○ 良い例	× 悪い例
❶	Work began in **July** and is only expected to end in **2030.** (研究は7月に始まったが、なんと2030年までかかる予定だ)	Work began in **the July** and is only expected to end in **the 2030.** (同)
❷	Research on this topic started **in the late 1990s.** (このテーマに関する研究は1990年代後半に始まった)	Research on this topic started **in late 1990s.** (同)
❷	**The twenty-first century / The 21st century** will witness the end of many minerals. (21世紀は多くの鉱物資源の枯渇を迎えることになりそうだ)	**Twenty-first century / 21st century** will witness the end of many minerals. (同)
❷	From **the 15th to the mid 16th century**, important changes were made to the techniques used in Chinese painting. (15世紀から16世紀半ば、中国の絵画技法に大きな変化が起こった)	From **15th to mid 16th century**, important changes were made to the techniques used in Chinese painting. (同)

21.10 onceかone timeか、twiceかtwo timesか

❶ onceはone time（1回）、twiceはtwo times（2回）を意味する。onceやtwiceのほうがone time, two timesよりもよく使われる。同じフレーズに混在させてはならない。thrice（3回）は古風なので避けたほうがよい。

❷ minimum ofやmaximum ofの後ろにonceやtwiceは使えない。

	○ 良い例	× 悪い例
❶	The tests should be repeated at least **two or three times.** (試験は少なくとも2～3回実施すべきだ)	The tests should be repeated at least **twice or three times.** (同)
❷	The test should be repeated a **minimum of two times.** (検査は最低2回繰り返すべきだ)	The test should be repeated a **minimum of twice.** (同)

21.11 序数、略語、ローマ数字

序数の表記方法をここではA、B、Cの3種類に分類した。

タイプA：first, second, third, fourth（英字）
タイプB：1st, 2nd, 3rd, 4th（アラビア数字）
タイプC：I, II, III, IV（ローマ数字）

❶ 論文の本文ではタイプAを使う。
❷ century（世紀）、millennium（1000年紀）、dynasty（王朝）などの単語にはタイプBを使う。
❸ タイプBはJuly 4thのように日付にも使用できるが、日付は序数にしなくてもよい。序数にしなければst, rd, thの部分でスペルミスをする心配がなくなる。
❹ 第何回目かの学会かを表すとき、タイプA、B、Cのいずれも使われている。特別な決まりはないと思われるが、タイプを混在させてはならない（例えばIIIrdは不可）。
❺ 人名にはタイプCを使う。
❻ 論文のセクション番号にはローマ数字よりもアラビア数字のほうがよく使われている。

	○ 良い例	× ❶～❺ 悪い例 ❻ あまり使われない
❶	This is the **first** time that .... During the **third** experiment we ....（～したのは今回が初めてだ。3回目の実験で我々は～）	This is the **1st** time that .... During the **3rd** experiment we ....（同）
❷	They can be dated to a time-span ranging from the **7th century** BC to the **2nd century** AD.（それは紀元前7世紀から紀元後2世紀の間に起きたと考えられる）	They can be dated to a time-span ranging from the **VII century** BC to the **II century** AD.（同）
❸	The Second Conference on Jugular Architecture will be held on **3 April 2026.**（第2回ジャグラーアーキテクチャ学会は2026年4月3日に開催予定だ）	The Second Conference on Jugular Architecture will be held on **3th** April 2026.（同）
❹	A summary of this paper was presented at the **Fourth / 4th / IV** Euroanalysis Conference, Helsinki.（本論文の要旨は第4回ユーロアナリシス学会ヘルシンキ大会で発表された）	A summary of this paper was presented at the **IVth** Euroanalysis Conference, Helsinki.（同）

5	John Paul Getty **III**, King William **IV** and Pope John Paul **II** never met all together, but if they had ….（ジョン・ポール・ゲティ3世、国王ウィリアム4世、教皇ヨハネ・パウロ2世が一堂に会することはなかったが、もし彼らが～）	John Paul Getty **3rd**, King William **4th** and Pope John Paul **2nd** never met all together, but if they had ….（同）
6	This is dealt with in more detail in **Sections 3 and 4**.（これについてはセクション3および4でさらに詳しく述べている）	This is dealt with in more detail in **Sections III and IV**.（同）

21.12 年月日の書き方

1. 世紀にはローマ数字ではなくアラビア数字を使う。BC（before Christ：キリストの前→紀元前）とAD（anno domini：我が主の年→紀元後）は宗教的な語源を持つため、代替表現を使うならBCE（before common era：西暦前）とCE（common era：西暦）や、BPE（before present era：現代の前）とPE（present era：現代）がある。しかし、今のところ代替表現は普及していない。
2. どの世紀のことを言いたいのか誤解させないため、年代は2桁に省略（'80s）せず4桁（1980s）で書く。sの前にアポストロフィは不要だ。
3. 各世紀の最初の10年を指す場合、アラビア数字は使わない。例えば“2000s”は2000～2009年と、2000～2099年のどちらの意味にも解釈できるからだ。first decadeを使う。
4. 年月日の表記方法をここではA、B、Cの3種類に分類した。

> タイプA「日・月・年」：10 March 2020（10.03.2020）
> タイプB「月・日・年」：March 10, 2020（03.10.2020）
> タイプC「年・月・日」：2020 March 10（2020.10.03）

タイプAがおそらく最も一目でわかりやすい。誤解を避けるため、常に月はアルファベットで表記しよう。

	○ 良い例	× 悪い例
1	They can be dated to a time-span ranging from the **7th century** BCE to the **2nd century** CE.（それは紀元前7世紀から紀元後2世紀の間に起きたと考えられる）	They can be dated to a time-span ranging from the **VII century** BCE to the **II century** CE.（同）

❷	This paper presents an analysis of the techno-rhythms of the music of the **1990s**.（本稿では、1990年代のテクノミュージックを分析する）	This paper presents an analysis of the music of the **’90s / 1990’s**.（同）
❸	Little progress was made in the **first decade of the 21st century**, but considerable progress has been made in the **second decade / in the 2010s**.（21世紀の最初の10年間はほとんど進展しなかったが、その次の10年間／2010年代で大きく進展した）	Little progress was made in **2000s**, but considerable progress has been made in the **2010s**.（同）
❹	Smith et al. calculate that the world will end on **10 March 2030**.（スミスらは2030年3月10日に世界が終わると推測している）	They calculate that the world will end on **10.03.2030**.（彼らは2030年3月10日/10月3日に世界が終わると推測している） ＊アメリカでは3月10日ではなく10月3日と解釈される可能性がある。

第22章 頭字語

22.1 頭字語の基本的な使い方

❶ 頭字語（acronym）は、複数の語の頭文字を抜き出して組み合わせた単語だ。まず非省略形をスペルアウトし、その後ろに頭字語を括弧の中に入れる。2回目以降は頭字語だけを使おう。

❷ 通常、すべてのアルファベットを大文字にする。

❸ 非省略形の語頭は、大文字にする場合と小文字にする場合がある。

❹ ルール❷の例外は、頭字語の一部が前置詞の場合だ（ofがこれに当てはまることが多い）。

❺ 数字を含む場合、大文字でも小文字でもよい（例：business to businessの「B2B」と「b2b」）。

❻ 頭字語の最後のアルファベットの非省略形を頭字語の後ろに書かないように注意する。

	○ 良い例	× 悪い例
❶	Orders are dealt with on a **first in first out (FIFO)** basis. (ご注文をお受けした順［FIFO］に対応いたします)	Orders are dealt with on a **FIFO (first in first out)** basis. (同)
❷	We are part of a **NASA** project. (我々はNASAプロジェクトの一員だ)	We are part of a **Nasa** project. (同)
❸	Users require a **p**ersonal **i**dentification **n**umber (PIN) to access any **N**orth **A**tlantic **T**reaty **O**rganization (NATO) files. (ユーザーが北大西洋条約機構［NATO］のファイルにアクセスするためには個人識別番号［PIN］が必要だ)	Users require a **P**ersonal **I**dentification **N**umber (PIN) to access any **n**orth **a**tlantic **t**reaty **o**rganization (NATO) files. (同)
❹	The future Internet is expected to support applications with quality of service **(QoS)** requirements. (将来のインターネットはサービスの品質［QoS］に関する要件を満たすアプリケーションをサポートすると予想されている)	The quality-of-service **(QOS)** requirements for .... (～のためのサービスの品質［QOS］に関する要件は～)

❺	Many **P2P / p2p** applications have now been blocked. (多くのP2P/p2pアプリケーションが今ではブロックされている)	Many **peer2peer** applications have now been blocked. (同)
❻	The **GUI** is user friendly. It does not require a **PIN**. (GUIはユーザーフレンドリーだ。PINが不要だ)	The **GUI interface** is user friendly. It does not require a **PIN number**. (同)

22.2 英語以外の頭字語

英語では通用しない、母語や外国語の頭字語を使う場合の注意をまとめた。

❶ 頭字語を使うときは、まずその非省略形（例文ではNational Center for Scientific Research）を書く。必要に応じて国名を追加する。

❷ あまり一般的ではない語の場合、わかりやすい説明を追記しよう。このとき、頭字語をその外国語でスペルアウトする必要はない。

❸ 正式な英語表記や決まった訳し方がある場合、説明を追記する必要はない。

❹ 国際的な機関に言及する場合、英語の略称を使う。例えば、欧州連合はUE（Union européenne）ではなくEU（European Union）とする。

❺ たとえ外国語の頭字語に小文字が使われていても、英語論文では大文字にする。小文字のままではスペルミスの単語だと誤解される恐れがある。

	○ 良い例	× 悪い例
❶	This paper describes a study by the **French National** Center for Scientific Research **(CNRS)** of .... (本論文では～のフランス国立科学研究センター［CNRS］による研究を説明する)	This paper describes a **CNRS (National** Center for Scientific Research) study of .... (同)

❷	Italian citizens are subject to various taxes, the most important being IRPEF, which is **a tax on personal income**. (イタリア市民にはさまざまな税金の納付義務があり、最も重要なのは個人の所得にかかるIRPEF税だ)	Italian citizens are subject to various taxes, the most important being IRPEF (**Imposta sul Reddito delle Persone Fisiche** – tax on the income of physical persons). (イタリア市民にはさまざまな税金の納付義務があり、最も重要なのはIRPEF［Imposta sul Reddito delle Persone Fisiche：個人の所得に対する税］だ)
❸	The Brazilian ministry has control over the National Institute of Amazonian Research (INPA), and the National Institute of Technology (INT). (ブラジルの省庁は国立アマゾン研究所［INPA］と国立技術研究所［INT］を所管している)	The Brazilian ministry has control over the National Institute of Amazonian Research (**Instituto Nacional de Pesquisas da Amazônia** – INPA), and the National Institute of Technology (**Instituto Nacional de Tecnologia** – INT). (ブラジルの省庁は国立アマゾン研究所［Instituto Nacional de Pesquisas da Amazônia：INPA］と国立技術研究所［Instituto Nacional de Tecnologia：INT］を所管している)
❹	The high commissioner of the **UN** stated that …. (国連の高等弁務官は～と述べた)	The high commissioner of **ONU / OOH** stated that …. (同)
❺	Italian citizens are subject to various taxes, the most important being **IRPEF**. (イタリア市民にはさまざまな税金の納付義務があり、最も重要なのはIRPEF税だ)	Italian citizens are subject to various taxes, the most important being **Irpef**. (同)

22.3 頭字語の文法（冠詞と複数形）

頭字語は、通常の名詞と同様の文法の規則に従わなければならない。

❶ 数えられる場合、単数であれば冠詞をつける。
❷ 複数を表す場合、語尾にsをつける。

❸ 非省略形の最後の単語が複数形の場合、最後に小文字のsをつける。ただし、このルールが当てはまらない組織名もある（UN：United Nationsなど）。

❹ 基本的にルール❸はsで終わる頭字語にも当てはまる。なお、sではなくesをつけて複数形にすることもある。例えばコンピュータ分野ではAutonomous Systems（自律システム）の意味でASsとASesの両方が使用されている。

❺ 最初に単数形で使ったからといって、それ以降に複数形が使えないわけではない。複数形で使う場合は、語尾にsをつける。

❻ 複数形にするときにアポストロフィはつけない。

	○ 良い例	× 悪い例
❶	We used **a PC**. (我々はパソコンを使用した)	We used **PC**. (同)
❷	Four **PCs** in series were needed in order to make the calculation. (算出するために一連のPCが4台必要だった)	Four **PC** in series were needed in order to make the calculation. (同)
❸	This book is intended for non-native English teachers (hereafter **NNETs**). (本書はノンネイティブの英語教師［以下NNETs］に向けて執筆した)	This book is intended for non- native English teachers (hereafter **NNET**). (同)
❹	Solar **systems** (SSs) have been studied for thousands of years. (太陽系［SSs］については何千年も研究されてきた)	Solar systems (**SS**) have been studied for thousands of years. (同)
❹	Reactive oxygen **species** (ROSs) are important in a number of physiological and pathological processes. (活性酸素種［ROSs］は多くの生理学的および病理学的変化において重要だ)	Reactive oxygen species (**ROS**) are important in a number of physiological and pathological processes. (同)
❺	Enter your **PIN** (personal identification number). All users are required to have two **PINs**. (PIN［個人識別番号］を入力してください。すべてのユーザーには2種類のPINが必要です)	Enter your PIN (personal identification number). All users are required to have two **PIN**. (同)
❻	They released seven **CDs**. (彼らはCDを7枚発表した)	They released seven **CD's**. (同)

22.4 頭字語の句読法

❶ 頭字語の中には1つの単語となっているものもある。この場合、小文字、大文字のどちらで書いてもよい。

❷ 各アルファベットの間にピリオドを入れる必要はない。しかし "UK" と "USA" よりも "U.K." と "U.S.A." という表記を好む人もいる。

	○ 良い例	○ 使用可能
❶	We have developed a "what you see is what you get" **(WYSIWYG)** approach to map digitizing. (我々は地図デジタル化において「見たままのものが得られる」[WYSIWYG] を開発した)	Following a **wysiwyg** philosophy, we have developed a novel approach to map digitizing. (ウィジウィグ原理に従い、地図デジタル化において新規アプローチを開発した)
❶	The objections are part of a **NIMBY**, or Not in My Backyard, pattern of responses. (その抗議はNIMBY [うちの裏庭ではやめて] の反応パターンの一環だ)	Policy scholars dedicated to efficient urban and industrial planning have long tried to understand the "**nimby** syndrome" in order to overcome local resistance to controversial land uses. (効率的な都市・工業計画を研究してきた政策研究者らは、物議を醸す土地使用に対する地元の反対を乗り越えるため「ニンビー症候群」を理解しようと長期にわたり取り組んできた)
❷	The **USA** and the **UK** are allies. (米国と英国は同盟国だ)	The **U.S.A.** and the **U.K.** are allies. (同)

第23章 略語とラテン語

23.1 略語の基本的な使い方

❶ 略語（abbreviation）とは、単語を短縮した形だ（例：etcetera→etc.）。直後に数字を置かない場合は非省略形を用いる（figure, table, appendixなど）。

❷ 略語にすると一般的に視認性が落ちる。文字数を節約して十分なスペースを確保したい場合のみ使用するように心がけよう。

❸ 数字と組み合わせない場合、パーセント記号（%）を単独で使わない。

❹ 一般的に、論文で大学や企業での職位の略称は使わない。ただし、DrがPhDを意味する場合は例外だ。

❺ 論文に著者名を記載する場合、学位は不要だ。イギリスや北米の学位に関する略称については以下が参考になるだろう。

> https://en.wikipedia.org/wiki/British_degree_abbreviations
> https://en.wikipedia.org/wiki/Academic_degree#Canada_and_United_States

	○ 良い例	× 非推奨
❶	See the **figure** below.（以下の図を参照のこと）	See the **fig**. below.（同）
❷	See **Appendix** 1.（付録1を参照のこと）	See **App**. 1.（同）
❷	See **Figure** 5 on **page** 10.（10ページの図5を参照のこと）	See **fig**. 5 on **p**. 10.（同）
❸	This value is always expressed as a **percentage**.（この値は常に割合を表す）	This value is always expressed as **%**.（同）
❹	These data were confirmed by **Professor** Lim, **Senator** Adams and **General** Kakowski.（これらのデータはリム教授、アダムス上院議員、カコウスキ将軍が確認した）	These data were confirmed by **Prof.** Lim, **Sen.** Adams and **Gen.** Kakowski.（同）

	〇 良い例	× 悪い例
❺	Psycholinguistics as a teaching aid J Win, A Yang, P Li（教育支援としての心理言語学、J・ウィン、A・ヤン、P・リー）	Psycholinguistics as a teaching aid J Win, **PhD**; A Yang, **EdD**; P Li, **MA**（教育支援としての心理言語学、J・ウィン博士、A・ヤン教育博士、P・リー修士）

23.2 略語の句読法

❶ figure, table, appendixなどの単語またはその略語は頭文字を大文字にする人が多い。ただしこれは数字を直後に置くときのルールだ。

❷ 略語と数字の間には半角スペースを1個入れる。

❸ 長さや数量（meters, kilogramsなど）の略語にピリオドは不要だ。なお略語は小文字で書く。

	〇 良い例	× 悪い例
❶	See **Appendix** 1.（付録1を参照のこと） See **App.** 1.（同）	See **app** 1.（同）
❷	See **Fig**. 1.（図1を参照のこと）	See **Fig**.1.（同）
❸	The road is **3 km** long.（その道は3kmある）	The road is **3 km**. long.（同） The road is **3 KM** long.（同）

23.3 参考文献一覧でよく使われる略語

左列の括弧( )は複数形、スラッシュ/は代替の形を表す。

略語	意味
app.	appendix（付録）
art.	article（論文）
assn.	association（協会）
attrib.	attributed to（起因する）
bull.	bulletin（会報）

ch. / chap. (chs. / chaps.)	chapter (章)
col. (cols.)	column (列)
cont. / contd.	continued (続く)
dept.	department (部門)
dev.	developed by (開発した)
dir.	directed by, director (監督)
div.	division (部門)
doc. (docs.)	document (文書)
ed.	edited by, editor, edition (編集者、編集)
eds.	editors, editions (編集者、編集)
enl.	enlarged (拡大)
eq. (eqs.)	equation (式)
ex.	example (例)
fig. (figs.)	figure (図)
govt.	government (政府)
illus.	illustrated by, illustrator, illustration (イラスト、イラストレーター)
inc.	incorporated, including (株式会社、含めて)
inst.	institute (研究所)
intl.	international (国際的)
jour.	journal (学術雑誌)
ms. (mss.)	manuscript (原稿)
natl.	national (国立)
No. (Nos.)	number (番号)
p. (pp.)	page (ページ)
pl.	plate, plural (プレート、複数)

proc.	proceedings (要旨集)
reg.	registered, regular (登録、通常)
resp.	respectively (それぞれ)
rev.	revised by, revision; review, reviewed by (改訂、査読)
rpt.	reprinted by, reprint (別刷り)
sched.	schedule (スケジュール)
sec. / sect.	section (セクション)
ser.	series (シリーズ)
sess.	session (セッション)
soc.	society (学会)
supp.	supplement (補遺)
tab.	table (表)
trans.	translated by, translator, translation (翻訳、翻訳者)
vers.	version (バージョン)
vol. (vols.)	volume (巻)

23.4 よく使われるラテン語表現

ラテン語の表現や略語の使い方に手本となるルールはない。以下は一般的な傾向だ。

- 自分の分野で頻繁に見かけるなら問題ないが、そうでなければceteris paribus（他の事情が同じならば）、sine qua non（必要条件）、mutatis mutandis（必要な変更を加えて）といった特殊なラテン語を使わない。
- ラテン語表現や略語の中には、真の意味を理解していない人が多いために、使わないほうがよいと専門家が提言するものもある。例えばe.g.とi.e.の使い方は混同されている（→**13.11節**）。
- ジャーナルに投稿するときには、投稿規定やそのジャーナルで公開されている論文を読み、ラテン語をイタリック体にするかどうか判断する。

"e.g.", "et al.", "etc.", "i.e.", "per", "versus", "vs.", "vice versa" についてはイタリック体にしないほうがよい。

ラテン語表現	書き換え例：( ) は意味、[ ] は補足説明
a fortiori（なおさら）	with a stronger reason（意味はラテン語表現と同様。以下、同）[最初の事実が成立するのであれば、2つ目の事実はなおさら成立する]
a posteriori（帰納的な）	from what comes after（同）, a conclusion based on induction（帰納法に基づく結論）
a priori（演繹的な）	evident by logic alone on the basis of what is already known（既知のことに基づき論理だけで明白）
ab initio（最初から）	from the beginning（同）
ad hoc（その場限りの）	created for this particular purpose only（この特定の目的のためだけに作成した）
ad libitum（任意に）	without any advanced preparation（詳細な準備なく）, at the discretion of the researcher（研究者の裁量で）
anno domini (AD)（西暦）	in the year of our lord（我が主の年）[キリスト紀元]
ceteris paribus（他の事情が同じならば）	other things being equal（同）
c. / ca. / circa（約、およそ）	around, approximately（同）
confer (cf.)（比較する、参照する）	compare（同）
de facto（事実上、実際には）	in fact, in reality（同）
erratum / errata（正誤表、誤植）	mistake / mistakes（同）
et alia (et al.)（その他のもの）	and others, and co-workers（～ら）
et cetera（など）	etcetera, and so on（同）
et sequens (et seq.)（以下参照）	and the following（同）
ex ante（事前の、事前的な）	before the fact, beforehand（同）
ex post / ex post facto（事後の、事後的な）	after the fact, afterwards（同）
exempli gratia (e.g.)（例えば、例）	for example, for instance, such as（同）

ibidem（同じ箇所に、同書、同章）	in the same place（同）
id est (i.e.)（すなわち、換言すれば）	that is, that is to say（同）
idem (id.)（同上の、同著者の）	the same（同）
in silico（現代的なラテン語：インシリコの、コンピュータ上で）	via computer simulation（コンピュータシミュレーションによって）
in situ（本来の位置に）	in its original place（同）
in vitro（試験管内の、生体外で）	taking place outside a living organism（同）
in vivo（生体内で）	within a living organism（同）
inter alia（とりわけ、中でも）	among other things（同）
ipso facto（まさにその事実によって）	by the fact itself（同）
modus operandi（仕事のやり方）	characteristic method of working（同）
mutatis mutandis（必要な変更を加えて）	the necessary things having been changed（同）［この証明は一般にも通じる］
nota bene (NB)（注意せよ）	NB, note that（同）
per annum (p.a.)（1年当たり）	for each year（同）
per capita（1人当たり）	per head（同）
per diem (p.d.)（1日当たり）	by the day（同）
per impossibile（成立不可能な）	a proposition that cannot be true（同）
per se（それ自体は、本質的に）	intrinsically, in itself（同）
post mortem（検死の、死後の）	autopsy（同）
prima facie（一見したところでは）	on its face（同）［物事の見た目だけで判断した結論］
pro rata（比例して、案分して）	proportionally（同）
pro tempore（一時的に、臨時の）	for the time being（同）
quod erat demonstrandum (QED)（証明終わり）	that which was to be demonstrated（同）
(reductio) ad absurdum（背理法、帰謬法）	reduction to absurdity（同）［不条理な結論に至ることを示して命題に反駁する］

sensu lato（広い意味で）	in its broadest sense（同）
sine qua non（必須要件、必要条件）	essential condition（同）
verbatim（一語一句そのままの）	without any changes to the original wording（元の言葉づかいに変化を加えずに）
versus（対、～に対する）	versus, vs., against（同）
via（経て、経由で）	through, by means of（同）
vice versa（逆もまた同じ、反対に）	vice versa, the other way round（同）
videlicet (viz.)（すなわち、換言すると）	viz, namely（同）

第24章 頭文字を大文字にするとき

24.1 タイトルとセクションの見出し

タイトルやセクションの見出しのスタイルはジャーナルの規定に従う。以下に例を挙げる。

❶ メインタイトルは、すべての単語の頭文字を大文字にする。ただし、以下の単語は文頭を除き小文字とする。

- a, the, it, and
- すべての前置詞（by, from, ofなど）

❷ 最初の単語の頭文字だけを大文字にするスタイルもある。この場合、2ワード目からは小文字で書く。セクションの見出しに使われることの多いスタイルだ。

❸ タイトルの最後にピリオドは不要。

	○ 良い例	× 悪い例
❶	A **G**uide to the **U**se of **E**nglish in **S**cientific **D**ocuments（科学文書における英語の使い方ガイド）	A Guide **T**o **T**he Use **O**f English **I**n Scientific Documents（同）
❷ ❸	A guide to the use of English in scientific documents（同）	A guide to the use of English in scientific documents**.**（同）

24.2 曜日、月、国、国籍、言語、方角

❶ 曜日、月、国、国籍、言語を表す単語の頭文字は大文字にする。

❷ north(ern), south(ern), east(ern), west(ern)は原則的に小文字で書く。ただし、公式の地名であれば大文字で始める。地図などで確認しよう。例えば、North KoreaとSouth Koreaは単に方角を表しているのではなく国の名称であるため、頭文字は大文字だ。

❸ 方角の表記には2種類あり、例えばフランス南部であればsouthern Franceとthe south of Franceのどちらを使ってもよい。south(ern)は小文字で書く。

❹ the West（アメリカ西部）、the Middle East（中東）、the Far East（極東）は慣例的に大文字で始める。北半球はthe northern hemisphereとthe Northern Hemisphereのどちらも可能だ（南半球についても同様）。

	○ 良い例	× 悪い例
❶	The new versions in **English** and **Arabic** will be released on **Monday**, 10 **March** throughout **Egypt** and **Saudi Arabia**. (英語とアラビア語の新版がエジプトとサウジアラビアで3月10日［月］に発売予定だ)	The new versions in **english** and **arabic** will be released on **monday**, 10 **march** throughout **egypt** and **saudi arabia**. (同)
❷	This species is found in **North Korea**, **East Timor**, and some parts of **South America**. (本種は北朝鮮と東ティモール、さらに南アメリカの一部で見つかっている)	This species is found in **South Japan**, **East India** and some parts of **south America**. (本種は日本南部とインド東部、さらに南アメリカの一部で見つかっている)
❷	This species tends to be found in the **north** and **west** of the island. (本種は島の北側と西側でよく見つかる)	This species tends to be found in the **North** and **West** of the island. (同)
❷	The languages spoken in **northern Turkey** are quite disparate. (トルコ北部で話されている言語は特に異なっている)	The languages spoken in **Northern Turkey** are quite disparate. (同)
❸	I love it when conferences are located in the **south** of **France**. (フランス南部で開催される学会は大好きだ)	I love it when conferences are located in the **South** of **France**. (同)
❹	Uugter [67] reveals the total lack of morality in the **West** and compares it to the **Far East** where …. (ウグター［67］は西部で道徳心が完全に失われたことを明らかにし、～であった極東と比較している)	Uugter [67] reveals the total lack of morality in the **west** and compares it to the **far east** where …. (同)

24.3 職位、学位、研究分野、大学、学部、研究所、部門

❶ アカデミックな職位は頭文字を大文字で書くことが多い。特にフォーマルな文

書（履歴書、学会向けのプロフィールなど）やその職位を持つ人が1名だけのとき（この場合、a/anは不要）でよく使われる表記だ。一方で、その職位に複数の人がいるとき（この場合、a/anが必要）、頭文字を大文字で書く必要はないのだが、大文字が使われていることもある。

❷ 研究分野が後ろに続く場合、学位名は頭文字を大文字にする。

❸ 研究分野（mathematics, anthropology, historyなど）の頭文字は大文字にする必要がない。ただし、部門、研究所、学部などの名前の一部であれば、大文字にする。

❹ department, institute, faculty, universityなどの単語は、具体的な部門、研究所、学部、大学などの名称を指す場合に大文字にする。そうでなければ小文字で書く。2ワード目からの大文字の使用については**24.1節❶**に従う。

	頭文字が大文字	頭文字が小文字
❶ ❸	She is now **A**ssociate **P**rofessor at Nanjing University of Traditional Chinese Medicine.（彼女は今や南京伝統中医薬大学の准教授だ）	He is an **a**ssociate **p**rofessor at Nanjing University of Traditional Chinese Medicine.（彼は南京伝統中医薬大学の准教授だ）
❷	Short resume: Professor Wang has a **B**achelor of **A**rts in medicine, and a **M**aster's in alternative medicine.（略歴：ワン教授は医学学士号と代替医療修士号を持つ）	I think she's got a **b**achelor's and a **m**aster's.（彼女は学士号も修士号も持っていると思う）
❸	From 1891 to 1931 he was Professor of **M**athematics and **D**escriptive **G**eometry at the Technical University of Munich.（1891年から1931年まで彼はミュンヘン工科大学の数学および画法幾何学教授だった）	He studied **m**athematics and **i**nformation **e**ngineering before doing his Ph.D.（彼は博士課程の前に数学と情報工学を学んだ）
❹	The **D**epartment of **S**ociology offers the following courses:（社会学部門には次のコースがある）	Our **d**epartment offers the following courses:（当部門には次のコースがある）
❹	The **F**aculty of **E**conomics at the University of Bangkok has a long history of ....（バンコク大学経済学部には～の長い歴史があり）	Courses typically offered by **e**conomics **f**aculties and **e**ngineering **f**aculties include:（経済学部と工学部が通常開講しているコースは次のとおりだ）

24.4 figure, table, section, step, phase, stageの表記

❶ section, figure, table, appendix, schedule, clause, step, phase, stageなどの単語を数字と組み合わせる場合、頭文字を大文字にする。

❷ section, figure, table, appendix, schedule, clause, stageなどの単語を数字と組み合わせず単独で表記する場合、大文字にしない。

ただし、すべてのジャーナルがこれらのルールを採用しているわけではない。

	○ 良い例	× 非推奨
❶	See **Section 2** for further details.（詳しくはセクション2を参照）	See the **section 2** for further details.（同）
❶	See **Step 1** above.（上記ステップ1を参照）	See **step 1** above.（同）
❷	See the **appendix** for further details.（詳しくは付録を参照）	See the **Appendix** for further details.（同）

24.5 キーワード

例えば、仕様書や契約書など文書の種類によっては、複数の研究部署やユーザー、プロジェクト、製品などの種類を書き分けたいときがあるだろう。このような場合に大文字を使うと、キーワードが目立ち、読みやすくなる。

○ 読みやすい	× 少し読みにくい
There are two types of user. Hereafter they will be referred to as **User A** and **User B**.（ユーザーには2種類ある。以下、ユーザーA、ユーザーBとする）	There are two types of user. Hereafter they will be referred to as **user a** and **user b**.（同）
This will be the task of **Research Unit 1**.（これは研究ユニット1の作業になる）	This will be the task of **research unit 1**.（同）
The two parties shall be referred to as the **Vendor** and the **Supplier**.（両者をそれぞれ販売者、納入者と呼ぶ）	The two parties shall be referred to as the **vendor** and the **supplier**.（同）

In the first phase, two prototypes will be developed: a prototype for automatically connecting to banks (hereafter, **Prototype** 1), and a prototype for risk management (**Prototype** 2). （初回フェーズで試作型2種類を開発する。自動的に銀行に接続する型［以下、試作型1］とリスク管理のための型［以下、試作型2］だ）

In the first phase, two prototypes will be developed: a prototype for automatically connecting to banks (hereafter, **prototype** 1), and a prototype for risk management (**prototype** 2). （同）

24.6 頭字語

頭字語（アクロニム）はすべての文字を大文字にする（→**第22章**）。

24.7 euroとinternetの表記

Euro とInternetは、頭文字を大文字にするスタイルと小文字で揃えるスタイルの両方が存在する。

第25章

句読点の使い方

25.1　アポストロフィ(')を使うとき

❶ アポストロフィは主に所有格を作るために使う（→**第2章**）。アルファベットを複数形にするときは“-'s”とする。

❷ 略語や暦の複数形を示すsにアポストロフィはつけない。

❸ アカデミックな文では一般的に短縮形を使わない。

	○ 良い例	× 非推奨
❶	In my email I **cc'd** the co-authors who all have **PhD's.**（私は博士号を持っている全員をccに入れてメールした） ＊cc'd：carbon copied（複写した）	In my email I **ccd** the co-authors who all have **PhDs.**（同）
❶	A common mistake with the word 'aardvark' is to forget that it begins with two **A's.**（aardvark［ツチブタ］という単語についてよくある間違いは、最初のaの2連続を忘れてしまうことだ）	A common mistake with the word 'aardvark' is to forget that it begins with two **As.**（同）
❷	We bought six **PCs.**（パソコンを6台購入した）	We bought six **PC's.**（同）
❷	Our institute was founded in the 198**0s.**（当研究所は1980年代に創設された）	Our institute was founded in the 198**0's.**（同）
❸	**Let us** now turn to Theorem 2, where **we will** learn that **it is** essential to ….（では定理2に入ります。～するために必須なことがわかります）	**Let's** now turn to Theorem 2, where **we'll** learn that **it's** essential to ….（同）
❸	The experiment **cannot / could not** be repeated.（その実験は追試できない/できなかった）	The experiment **can't / couldn't** be repeated.（同）

25.2　コロン(:)を使うとき

❶ 論文の中でコロンを最もよく使うのは、例を列挙するときだ。

❷ 論文やプレゼンのタイトルを2分割するときにも使う。コロン直後の単語は大文

字で始めても小文字で始めてもよい。コロンの代わりにダッシュ（→**25.5節**）を使ってもよい。

❸ コロンを使って考えや説明を追加するとき、必要以上に長くならないようにする。

❹ 不必要に1文が長くならないのであれば、コロンは対比を強調したいときに効果的だ。

	○ 良い例	○ 使用可能
❶	The following countries were involved in the **treaty: Turkey**, Armenia ….（条約に関与している国は以下のとおりだ：トルコ、アルメニア～）	
❷	Communicative language **teacher: The** state of the art（コミュニカティブ教師：その最新技術）	Ethical management in **banking - does** the presence of females make the difference?（銀行業での倫理的経営――女性の存在は変化をもたらすか？）
	Space **debris: the** need for new regulations（宇宙ゴミ：新たな規制の必要性）	
❸	This problem was first identified in the **1990s: in** the Sudan it was not noticed until 2013.（この問題が最初に見つかったのは1990年代だが、スーダンにおいては2013年になってからだ）	This problem was first identified in the **1990s. In** the Sudan it was not noticed until 2013 and in fact this led to serious problems with ….（この問題が最初に見つかったのは1990年代だ。スーダンにおいては2013年になってからで、このため～に深刻な問題が起こった）
❹	X can be used as an **identifier: Y** cannot.（Xは識別子として使用可能だが、Yは使用できない）	X can be used as an **identifier. Y** cannot.（Xは識別子として使用可能だ。Yは使用できない）

25.3 コンマ（,）を使うとき

❶ if, when, as soon as, afterなどの接続詞を使った従属節で文を開始するとき、後続の主節との間をコンマで区切る。

❷ 意味の混乱を避けたいときに使う。例えば表の「悪い例」は、コンマの不使用により標本を煮沸すると勘違いされかねない。

❸ 注目を集めるための副詞（clearly, interestinglyなど）や、結果や詳細情報を伝

える接続詞（consequently, in additionなど）を文頭に置くとき。

④ 非制限用法の関係詞節にするとき（→7.2節②）。

⑤ 3つ以上の語句を並べる場合、andの前にコンマを置く（→13.5節）。最後から2つ目の内容と、最後の内容が別々のものということがはっきりする。

	○ 良い例	× 悪い例
①	When the specimen is **dry, remove** it from the recipient.（標本が乾燥したら、容器から取り除く）	When the specimen is **dry remove** it from the recipient.（同）
②	If the water **boils, the** specimen will be ruined.（水が沸騰したら、標本は損傷するだろう）	If the water boils **the specimen** will be ruined.（同）
③	**Surprisingly,** the results were not in agreement with any of the hypotheses. **Moreover,** in many cases they were the exact opposite of what had been expected.（驚いたことに結果はいずれの仮説とも一致しなかった。さらには予測と完全に逆のケースも多く認められた）	**Surprisingly** the results were not in agreement with any of the hypotheses. **Moreover** in many cases they were the exact opposite of what had been expected.（同）
④	The **Thames,** which runs through **London,** is England's longest river.（テムズ川はロンドンを流れているが、イングランド最長の川だ）	The Thames **which runs through London** is England's longest river.（ロンドンを流れるテムズ川は、イングランド最長の川だ）
⑤	There are three advantages of this: costs are lower, deadlines and other constraints are more easily **met, and** customers are generally happier.（これには利点が3つある。コストが安く、締め切りなど他の制限に対応しやすく、そして顧客満足度が全体的に高い）	There are three advantages of this: costs are lower, deadlines are more easily **met and** customers are generally happier.（これには利点は3つある。コストが安く、締め切りに対応しやすく顧客満足度が全体的に高い）

25.4 コンマ（,）を使わない、または減らすべきとき

① 1文が20単語以上のとき。文の構造を変えるか、ピリオドを使って文を分割する。

② コンマを多用しすぎて文が細かく分割されているとき。コンマを減らして1つの語句が長く続くように書き直す。

③ 項目を列挙しているが、サブグループに分割できるとき。サブグループが変わ

る位置にセミコロン（→**25.11節**）を置く。

④ 関連のない名詞をコンマで続けているとき。コンマを使うよりも最初の名詞の後ろにピリオドを置き、次の名詞は新しい文に組み込んで、名詞が連続していても関連しているわけではないことを伝える。

⑤ 制限用法の関係詞節にするとき（→**7.2節①**）。

	○ 良い例	× 悪い例
①	If the iodine solution does not turn to this color when added to a **food, this** indicates that starch is not present in the food. (食品にヨウ素液を加えてもこの色に変わらなければ、その食品にデンプンが入っていないことを示す)	**If, when** the iodine solution is added to **food, it** does not turn this **color, this** indicates that starch is not present in the food. (もし食品にヨウ素液を加えたときにこの色に変わらないのならば、このことがその食品にデンプンが入っていないことを示す)
①	This application was developed specifically for this purpose. It can be used on most platform**s, f**or example XTC and B4M**E. It** can also be used with .... (このアプリケーションはこの目的のために特別に開発された。XTCやB4MEなど大部分のプラットフォームで使用可能だ。～でも使われる)	This application**, which** was developed specifically for this purpose**, can** be used on most platform**s f**or example XTC and B4M**E, it** can also be used with .... (このアプリケーションは、この目的のために特別に開発されたもので、XTCやB4MEなど大部分のプラットフォームで使用可能であり、～でも使われる)
②	If Y is installed before **X, this** may cause damage. (Xの前にYを設置すると、損傷の可能性がある)	Damage may be caused if X is installed **after, rather** than **before, the** installation of Y. (Yの設置の前ではなく後にXを設置すると、損傷の可能性がある) If Y is installed **before, rather** than **after, installing X, then** this may cause damage. (Xを設置する後ではなく前にYを設置すると、損傷の可能性がある)
③	We used various sets of characters: A, B and **C; D**, E and **F; and** X, Y and Z. (我々は数組の文字の組み合わせを使用した。「A、B、C」、「D、E、F」、「X、Y、Z」だ)	We used various sets of characters: A, B and C, D, E and F and X, Y and Z. (我々は数組の文字の組み合わせを使用した。A、B、およびC、D、E、およびF、およびX、Y、およびZだ)

❹	Each row in the page represents an individual **record. The information** and the features provided enable the user to control, monitor and edit the records created.（そのページの各列はそれぞれ個人の記録を示す。提供されたこの情報と特徴を使ってユーザーは作成した記録の管理、監督、編集ができる）	Each row in the page represents an individual **record, the information** and the features provided enable the user to control, monitor and edit the records created.（そのページの各列はそれぞれ個人の記録を示し、提供されたこの情報と特徴を使ってユーザーは作成した記録の管理、監督、編集ができる）
❺	The **student that** gets the top marks is awarded the prize.（一番成績のよい生徒に賞が贈られる）	The **student, that** gets the top marks is awarded the prize.（その生徒は最高点をとり、賞が贈られる）

25.5 ダッシュ（–）を使うとき

❶ コンマや括弧の使いすぎを避けるとき。コンマ2つで区切るよりも強く、括弧よりも弱い。しかし通常は、ダッシュを使うよりも文を分割するほうがよい。

❷ 最後の文に補足したいとき。

	○ ダッシュを使った良い例	○ さらに良い例（ピリオドやコンマを使うほうが良い）
❶	Taking this process into account, we would expect undesirable products – that is, unneeded doses (large pairs of isomers) – to form in the donor atoms.（このプロセスを考慮すると、ドナー原子内に望ましくない生成物――すなわち不要な量［大きな異性体のペア］――が形成されると予想される）	Taking this process into account, we would expect undesirable products to form in the donor atoms. These products consist of unneeded doses, i.e. large pairs of isomers.（このプロセスを考慮すると、ドナー原子内に望ましくない生成物が形成されると予想される。これらの生成物は不要な量、すなわち大きな異性体のペアで構成される）
❷	X does not, in fact, correspond to Y – and this is what we had suspected.（Xは実のところYと対応していない。我々が予想していたとおりだ）	X does not correspond to Y. In fact, this is what we had suspected.（同）
		X does not correspond to Y, thus confirming our suspicions.（XはYと対応せず、我々の予想を裏付けている）

※訳注：厳密にはエムダッシュとエンダッシュの2種類のダッシュがある。論文投稿時には使用方法を投稿規定で確認する。

25.6 ハイフン(-)を使うとき

❶ 複数の名詞、形容詞、数詞をつなげ、別の名詞にかかる形容詞にするとき。形容詞として機能する名詞に複数形のsは不要だ。
❷ 接頭辞として機能する単語とその後の単語をつないで複合語を作るとき。
❸ 同じ名詞を複数の接頭辞が修飾するとき(各接頭辞の末尾にハイフンを置く)。
❹ nonで始まる複合語を使うとき。ただしこの方法を使わない書き手もいる。
❺ 頭文字が大文字の名詞に接頭辞をつけるとき。
❻ 2語で成る複合語が混合物や分析などの言葉を修飾するとき(複合語を構成する2語をハイフンでつなぐ)。

	○ 良い例	× 悪い例
❶	A **30-year-old** patient with one **six-fingered** hand.(片手が6本指の30歳患者)	A **30 years old** patient with one **six-fingers** hand.(同)
❷	To avoid **time-consuming** decisions, we used **row-based** flashing.(時間のかかる決定を回避するため、行ベースの点滅を使用した)	To avoid **time consuming** decisions, we used **row based** flashing.(同)
❸	Control of the interaction is **user-** not **application-**driven.(相互作用の管理はアプリケーション主導ではなくユーザー主導だ)	Control of the interaction is **user** not **application** driven.(同)
❹	These are **non-essential** items.(これらは非本質的な項目だ) = These are **non essential** items. = These are **nonessential** items.	
❺	They made an assessment of soil depletion in **sub-Saharan** Africa.(彼らはサハラ砂漠以南のアフリカの土壌減少を評価した)	They made an assessment of soil depletion in **sub Saharan** Africa.(同)
❻	We used **chemical-physical** analyses to determine the relative values in the **hydrogen-oxygen** mixture.(水素酸素混合物における相対値を計測するため化学物理的解析方法を使用した)	We used **chemical physical** analyses to determine the relative values in the **hydrogen oxygen** mixture.(同)

25.7 ハイフン(-)を使うとき:その他のルール

❶ 名詞と前置詞をつなげて複合語にするとき(clean-up, back-upなど)。動詞と前置詞をハイフンでつなぐことはできない(to clean up, to back upなど)。
❷ ハイフンを使うことで曖昧さを避けられるとき。
❸ 名詞、形容詞、前置詞などが結合して名詞を修飾する複合形容詞として機能するとき。名詞を修飾しないときのハイフンは不要だ(このルールが守られないことは多い)。

	○ 良い例	× 悪い例
❶	When the machine is **started up**, make sure .... (機械の始動時には必ず~)	When the machine is **started-up**, make sure .... (同)
	This feature is only available at **start-up**. (この機能は起動時のみ利用できる)	
❷	This is a little **used-car**. (これは小型の中古車だ)	This is a **little used car**. (「これは小型の中古車だ」または「これはほぼ未使用の車だ」)
	This is a **little-used** car. (これはほぼ未使用の車だ)	
❸	We present three **state-of-the-art solutions** to this **well-known** problem. (よく知られたこの問題の最新の解決策を3つ提示する)	We present three **state of the art solutions** to this **well known** problem. (同)
❸	Automatic translation: the **state of the art** (機械翻訳:最新技術)	Automatic translation: **the state-of- the art** (同)

25.8 丸括弧( )を使うとき

語句を括弧の中に入れると、その情報はあまり重要ではないと判断される可能性がある。括弧を使わずにすむのであれば使わない。そのほうが読者の注意をそらさずにすむだろう。括弧を使用するのは次の場合だ。

❶ 頭字語や略語を使うとき。括弧の外に非省略形を書き、括弧の中に頭字語や略語を入れる。
❷ 文の途中で具体例を短く列挙するとき。

❸ なお、閉じ括弧が文末に来る場合、ピリオドは括弧の外に置く。

括弧の種類や使い方について：https://en.wikipedia.org/wiki/Bracket

	○ 良い例	× 悪い例
❶	This is based on a **first in first out (FIFO)** policy.（これは注文を受付順［FIFO］に行う）	This is based on a **FIFO (first in first out)** policy.（同）
❷	This is only true of three **countries (**i.e. Libya, Syria and Jordon**)** and for the purposes our study can be ignored.（これが当てはまるのは3ヵ国［リビア、シリア、ヨルダン］のみであり、本研究の目的を考慮すれば無視することができる）	This is only true of three **countries i.e.** Libya, Syria and Jordon and for the purposes our study can be ignored.（同）
❸	If there is no following noun, then no hyphens are required (though this rule is frequently ignored**).**（名詞が後ろに続かない場合、ハイフンは不要だ［しかしこのルールが守られないことは多い］）	If there is no following noun, then no hyphens are required (though this rule is frequently ignored**.)**（同）

25.9 ピリオド（.）を使うとき

❶ 通常、タイトルや見出しの最後にピリオドをつけない。
❷ 図表番号の後ろにつける。名詞句か完全な文かにかかわらず、キャプションの最後にもつける。
❸ 文末にetc.などピリオドがつく単語を置く場合、ピリオドは1つだけ使う。
❹ 項目を列挙した後にピリオドを3つ（以上）並べると、その他にも項目が存在するという意味になる。ピリオド3つをe.g.やetc.と併用する必要はない。

	○ 良い例	× 悪い例
❶	A model for assessing the level of complexity in a **manuscript**（原稿複雑度評価モデル）	A model for assessing the level of complexity in a **manuscript.**（同）
❶	Materials and **Methods**（材料と方法）	Materials and **Methods.**（同）

❷	Figure **1.** Transgene **structure.** Schematic representation of the fragment microinjected into the **nuclei.** (図1. 導入遺伝子の構造。核へ微量注入した断片の模式図)	Figure **1** Transgene **structure** Schematic representation of the fragment microinjected into the **nuclei** (図1 核へ微量注入した断片の導入遺伝子構造の模式図)
❸	Various grammatical points are covered: tenses, adjectives, agreement **etc.** (多様な文法ポイントを網羅：時制、形容詞、一致など)	Various grammatical points are covered: tenses, adjectives, agreement **etc..** (同)
❹	Various languages can be used **(C++, Java, ...)** on most types of hardware **(IBM, Apple, ...).** (ハードウェアのほとんどのタイプ［IBM、Appleなど］には各種言語［C++、Javaなど］を使用できる) = Various languages can be used **(e.g. C++ and Java)**, and most types of hardware **(e.g. IBM and Apple).**	Various languages can be used **(e.g. C++, Java, ...)** on most types of hardware **(IBM, Apple, ... etc).** (同)

25.10 引用符（‘’）を使うとき

ジャーナルが一重引用符（‘ ’）と二重引用符（“ ”）のどちらを指定しているか確認しよう。他の研究者の言葉を直接引用するときのルールは分野やジャーナルによって異なる。以下に挙げるのはほんの一部に過ぎない。

❶ 引用箇所が短い場合は本文の中に組み込む。
❷ 引用箇所が長い場合、改行と字下げをして新しいパラグラフにする。
❸ 語句に特別な意味を持たせるときの引用符は、一重引用符にする。

	◯ 良い例	◯ 他の良い例
❶	Wallwork states “A maximum of 20 words should be used per sentence” (Wallwork 2014). This implies that .... (ウォールワークは「1センテンス当たりの最大語数は20ワードにすべきだ」と述べている［Wallwork 2014］。これが示唆するのは～)	According to Wallwork (2014) “A maximum of 20 words should be used per sentence.” This implies that .... (ウォールワーク［2014］によると「1センテンス当たりの最大語数は20ワードにすべきだ」。これが示唆するのは～)

❶	To determine "the best way to respond to referees without aggravating them" (Wallwork 2015) we devised a study based on a database of 476 replies to referees reports. (「査読者を怒らせない最善の回答方法」[Wallwork 2015] を調べるため、査読報告書への回答476通のデータベースを利用した試験を計画した)	In order to determine what Wallwork (2015) posits as "the best way to respond to referees without aggravating them", we devised a study based on a database of 476 replies to referees reports. (「査読者を怒らせない最善の回答方法」としてウォールワーク［2015］が提案したものを調べるため、査読報告書への回答476通のデータベースを利用して試験を計画した)
❷	In her seminal work, Southern begins by saying: blah blah blah blah blah blah blah blah blah blah blah blah blah blah blah blah …. (サザンの独創的な研究は次のように始まっている。……略……)	
❸	We call this phenomenon 'venting', which is a variation of the so-called 'wind synergism'. (この現象を我々は「通気」と呼んだが、これはいわゆる「風相乗作用」と呼ばれているものの一種だ)	

25.11 セミコロン(;)を使うとき

❶ 関連する項目を列挙するとき。

❷ 列挙する項目をグループ分けするとき。

❸ 文の途中に長めのポーズを置きたいとき。この使い方は文の理解が深まる一方で1文の語数が増えやすいため、頻繁な使用は勧めない。

❹ 関連性を示す必要がないときは、独立節をセミコロンでつなげない。この場合、ピリオドを使って別々の文に分ける。

	○ 良い例	× 回避しよう
❶	Substances are transported in living organisms as: (1) solutions of soluble **nutrients;** (2) solids in the form of food **particles;** (3) gases such as .... (物質は［1］可溶性の栄養素の液体、［2］食物の粒子の形をした固体、［3］～などの気体として生命体に運ばれる)	Substances are transported in living organisms as: (1) solutions of soluble **nutrients,** (2) solids in the form of food **particles,** (3) gases such as .... (同)
❶	Figure 1. Three types of classroom arrangements: *a*, **traditional;** *b*, **circle;** *c*, U-shaped. (図1. 3種類の教室配置：a. 伝統的、b. 円形、c. U字型)	Figure 1. Three types of classroom arrangements: *a*, **traditional,** *b*, **circle,** *c*, U-shaped. (同)
❷	Several countries are participating in the project, in the following groups: Spain, Cuba and **Argentina; France**, Morocco and **Senegal;** and the Netherlands and Indonesia. (複数の国がプロジェクトに参加している。スペイン、キューバ、アルゼンチンのグループ、フランス、モロッコ、セネガルのグループ、そしてオランダとインドネシアのグループだ)	Several countries are participating in the project, in the following groups: Spain, Cuba and **Argentina, France**, Morocco and **Senegal,** and the Netherlands and Indonesia. (同)
❸	Sensory inputs merely modulate that **experiment; they** do not directly cause it. (感覚入力は実験に単に影響を与えるだけだ。直接的な原因となるわけではない) ＊modulateとcauseの対比をセミコロンが強調している。	
❸	The pitfalls described in this article have been known for many **years; our** work attempts to solve them. (この論文が示す落とし穴は長年知られてきた。これを解決する研究に我々は挑戦する) ＊既存の知識と新しい情報をセミコロンでつなげている。	
❹	Users can search the entire **database. There** is also a special alert mechanism to inform administrators .... (ユーザーはデータベース全体を検索できる。さらに管理者に特別な～アラートを送る仕組みもある)	Users can search the entire **database; a** special alert mechanism is also provided that informs that administrator .... (ユーザーはデータベース全体を検索でき、管理者が～であることを通知する特別なアラートの仕組みも提供される)

25.12 箇条書きを使うとき：丸印、数字、チェックマーク

論文で箇条書きがめったに見つからないことは残念だ。たいていは使ったほうが読みやすくなる。

❶ 項目の順序が重要でなければ丸印を使う。
❷ 項目の順序に重要性があり、流れを説明しているときは数字を使う。
❸ レポートやプレゼン資料では、プロジェクトが実行されたかどうかを示すためにチェックマークが使われることもある。

	○ 良い例	× 悪い例
❶	To install the system you need: ・Version 5.6 of Technophobe ・Version 1.2 of Monstermac ・Version 9.7 of SysManiac （システムのインストール要件： ・Technophobe バージョン5.6 ・Monstermac バージョン1.2 ・SysManiac バージョン9.7）	To install the system you need: 1. Version 5.6 of Technophobe 2. Version 1.2 of Monstermac 3. Version 9.7 of SysManiac （同）
❷	The project is organized into three phases: 1. Specifications 2. Design and development 3. Release （プロジェクトの3フェーズ： 1. 仕様 2. デザインと開発 3. 発売）	The project is organized into three phases: ・Specifications ・Design and development ・Release （同）

❸	We have made the following changes: √ two new tables added √ figures renumbered √ Appendix 2 removed （変更点： ✓新しい表を2点追加 ✓図の番号を振り直し ✓付録2を削除）	Conclusions We believe our approach has three major advantages: √ low cost √ easily adaptable √ quick set up times （結論 本アプローチには3点の主要なメリットがあると考える： ✓コストの低さ ✓適応させやすさ ✓組み立て時間の短さ）

25.13 箇条書きを使うとき：重複回避と一貫性

❶ 文頭を同じ文法構造（できれば不定詞か動詞-ing形）で揃える。常に同じ文法構造を維持できる導入フレーズを使おう。

❷ 大文字の使用や句読点を同じスタイルに揃える（特別なルールはない）。

❸ 不必要な語を繰り返さない。

	○ 良い例	× 悪い例
❶	This would involve the following: ・**acquiring** information on ... ・**understanding** the importance of ... ・**highlighting** any deficiencies in ... （これには以下を含む： ・～の情報を入手 ・～の重要性を理解 ・～の欠如を強調） ＊いずれも動詞-ing形で始まる。	This would involve the following: ・**the acquisition** of information on ... ・**understanding** the importance of ... ・**an ability to highlight** any deficiencies in ... （これには以下を含む： ・～の情報の入手 ・～の重要性を理解 ・～の欠如を強調するための能力）

❶	These data are used **to**: · **acquire** information on … · **understand** the importance of … · **highlight** any deficiencies in … （データの使用目的： ・～の情報を入手するため ・～の重要性を理解するため ・～の欠如を強調するため） ＊いずれもto不定詞で始まる。	These data are used: · **for the acquisition** of information on … · **to understand** the importance of … · **for highlighting** any deficiencies in … （データは次のように使用される： ・～の情報の入手のため ・～の重要性を理解するため ・～の欠如を強調するため）
❷	There are three ways to learn English: – **find** a good teacher – **buy** DVDs and learn at home – **marry** a native English speaking person （英語を学ぶための3つの方法： ―よい先生を見つける ―DVDを買って自宅で学ぶ ―英語のネイティブスピーカーと結婚する） ＊いずれも小文字で始まる。	There are three ways to learn English: – **find** a good teacher**,** – **Buy** DVDs and learn at home**;** – **Marry** a native English speaking person （同）
❸	… the decomposition into individual **modules**: · Settings Input · Platform Input · Engine （～個別モジュールへの解体： ・設定入力 ・プラットフォーム入力 ・エンジン）	… the decomposition into individual **modules**: · Settings Input **module** · Platform Input **module** · Engine **module** （～個別モジュールへの解体： ・設定入力モジュール ・プラットフォーム入力モジュール ・エンジンモジュール）

第26章

関連文献に言及する

26.1 一般的なスタイル

他の研究や著者について言及する方法は主に4種類ある。

❶ 著者名を文頭に置く。最も書きやすくて読みやすい方法だ。複数の著者を比較するときにも使える。
❷ 文献番号を文頭に置き、直後に著者名を書く。ルール❶と似ているが、同一の著者が出した複数の文献に言及したいときに特に使う。
❸ 著者名と文献番号、またはそのどちらかで文を終わらせる。受動態になるため、重い構造になってしまいがちだが、複数の論文に言及したいときに使う。
❹ 著者名を省略して文献番号だけを記載する。これは曖昧な文になる可能性がある（→**26.2節**）。

文献の表記については、ジャーナルが発行しているスタイルガイドや投稿規定も読んで確認する。

❶ Wallwork [2012] stated x = y.（ウォールワーク［2012］はx = yと述べた）

Huang [2013] agrees with this statement, but Xanadu [2014] does not.（ホアン［2013］はこの意見に同意しているが、ザナドゥ［2014］は同意していない）

❷ In [6] Wallwork stated that x = y. Then in [9] he added that x + 1 = y + 1.（文献［6］でウォールワークはx = yと述べた。その後、文献［9］でx+1=y+1だと補足した）

❸ A proposal for a conference on this topic was put forward by Tang [2014].（このテーマに関する学会の提案がタン［2014］によって出された）

❸ This is not the first time that such a proposal has been put forward [Himmler, 2012; Goldberg, 2013].（そのような提案がされたのはこれが初めてではない［Himmler, 2012; Goldberg, 2013］）

This is not the first time such a proposal has been put forward [6, 27, 33].（そのような提案がされたのはこれが初めてではない［6、27、33］）

④ This proposal was first put forward in [6]. (この提案は文献［6］で初めて出された)

In [6] a proposal for a conference on this topic was put forward. (文献［6］においてこのテーマに関する学会への提案がされた)

26.2 よくあるリスク

① 著者名を省略し、文献番号だけを書けば確かに簡潔な文になるだろう。しかしデメリットは大きい。読み手は途中で本文を読むのを中断して参考文献一覧を確認しなければならないかもしれない。他の著者なのか、その論文の著者なのか確認する手間がかかる可能性もある。本文にthe author/sと書かれてあれば、さらに曖昧になる。今、読んでいる最中の論文の著者なのか、他の研究の著者なのか紛らわしい。

② 自分が書いた過去の論文について言及するときは、別の著者ではなく自分がその論文を書いたことが明らかにわかるようにする。自分の名前を書くだけでは不十分だ。we, us, ourを使おう。読者は今読んでいる論文の著者名を忘れているかもしれない。

③ 1つの原稿内に論文の発行年と参考文献番号を混在させてはならない。どちらを選ぶかはジャーナルの規定に従う。

最善の書き方は、ジャーナルの規定の範囲内で複数のスタイルを使い、文章に変化を持たせる方法だ。引用する際に毎回著者名（または文献番号）で始まったり終わったりすると、査読者が単調な論文だと感じてしまうかもしれない。また、書き手としても焦点を著者から結果に移したり、その逆にしたりする必要があるだろう。

	○ 良い例	× 曖昧または悪い例
①	In [6] Wallwork put forward a proposal for the scientific community to allow personal forms. (文献［6］でウォールワークは人称代名詞の使用を許可することに関する提案を科学コミュニティに行った) ＊ウォールワークは他の著者。	In [6] the author put forward a proposal for the scientific community to allow personal forms. (文献［6］で著者は人称代名詞の使用を許可することに関する提案を科学コミュニティに行った)

	個人的な表現	非個人的な表現
	In [6] we put forward a proposal for the scientific community to allow personal forms. （文献［6］で我々は人称代名詞の使用を許可することに関する提案を科学コミュニティに行った） ＊weは今読んでいる論文の著者。	
❷	In a previous paper [Gomez, 2], we found that x = y. （以前の論文［Gomez, 2］で我々はx=yであることを発見した）	In [Gomez, 2], it was found that x = y. （[Gomez, 2］でx=yと発見された）
❸	In [6] Wallwork stated that all journals should allow the use of personal forms. Two years later he added that the ISO should set some standards regarding the style of bibliographies [9]. （文献［6］でウォールワークは人称代名詞の使用を全ジャーナルで許可すべきだと述べた。そして2年後、参考文献のスタイルに関する規格をISOが作成すべきだと補足した［9］）	In [6] Wallwork stated that all journals should allow the use of personal forms. Two years later he added that the ISO should set some standards for scientific writing [Wallwork, 2014]. （文献［6］でウォールワークは人称代名詞の使用を全ジャーナルで許可すべきだと述べた。そして2年後、科学ライティングのための規格をISOが作成すべきだと補足した［Wallwork, 2014］）

26.3　文献関連の句読法：コンマとセミコロン

本文内で参考文献に言及するときのコンマとセミコロンの使い方は次のとおりだ。いずれもルールではなく典型的な使用例だ。

提案するスタイル

- 著者が1名の場合：［名前＋コンマ＋年］
  例：Wallwork, 2015
- 著者が2名の場合：［名前1＋and＋名前2＋コンマ＋年］
  例：Wallwork and Southern, 2016
- 著者が3名の場合：［名前1＋コンマ＋名前2＋and＋名前3＋コンマ＋年］（ただし3名記載することは極めてまれ）
  例：Wallwork, Brogdon and Southern, 2016
- 著者が4名以上の場合：［名前1＋ et al.＋コンマ＋年］
  例：Wallwork et al., 2016
- 文献が2本以上：［文献1＋セミコロン＋文献2＋セミコロン……］
  例：Wallwork et al., 2016; Sanchez, 2017; Poplova, Huang and Sun, 2018

✏ 同じ著者の複数の文献：[名前＋コンマ＋年1＋コンマ＋年2……]
例：Wallwork, 2012, 2014, 2016

26.4 文献関連の句読法：括弧

丸括弧 ( ) を使うか、角括弧 [ ] を使うかはジャーナルの規定に従う。

提案するスタイル

✏ 著者名が文の主語の場合：名前 ＋ [年]
または：名前 ＋ [文献番号]
例：Wallwork [2012] suggests that ….
Wallwork [6] suggests that ….

✏ 著者名が文の主語ではない場合：[名前, 年]
例：It has been suggested that one plus two is equal to four (Moron, 2011).

26.5 et al

❶ 大部分のジャーナルが3名以上の著者がいる場合に*et al*の使用を求めている。co-workersやcoworkers（共同研究者）を使うこともある。

❷ *et al*はイタリック体で記載するジャーナルが多い。*et al.* のようにピリオドをつけると規定しているジャーナルもある。

	○ 良い例	○ 使用可能
❶	Wallwork et al [2016] put forward a proposal for the scientific community to allow personal forms.（ウォールワークら［2016］は、人称代名詞の使用を許可することに関する提案を科学コミュニティに行った）	Wallwork and co-workers [2016] put forward ….（同）
❷	Wallwork et al [2016] suggested that ….（ウォールワークら［2016］は～を提案した）	Wallwork *et al* [2016] suggested that ….（同） Wallwork *et al.* [2016] suggested that ….（同）

第27章 図表や他のセクションに言及する

27.1 図表に言及する

❶ 直後に数字が続く場合はFigure 1, Table 1のように頭文字を大文字にする。数字が続かない場合は小文字で書く。
❷ FigureはFig., FiguresはFigsに省略できる。Tableの省略形は避ける。
❸ 本文内で図表に言及するときは簡潔に書く。
❹ 可能な限り受動態ではなく能動態を使う。
❺ asは接続詞（as it can...など）ではなく関係代名詞（as canなど）として使う（➔**13.6節**）。

	○ 良い例	✕ ❶〜❹ 非推奨 ❺ 悪い例
❶	See **Figure** 1 and **Table** 2.（図1および表2を参照のこと）	See **figure** 1 and **table** 2.（同）
❷	See **Fig.** 1a and **Figs.** 2a and 2b.（図1a、および図2aと2bを参照のこと）	See **Fig.** 2a and “b.（図2aと図2bを参照のこと）
❸	Figure 2 below **shows** the initial settings.（以下の図2に初期設定を示す）	The following figure (Figure 2) **gives a schematic overview of** the initial settings.（次の図［図2］は初期設定の模式的な概念を示す）
❸	Figure 3 **shows** the architecture.（図3はアーキテクチャを示す）	The **snapshot depicted in** Figure 3 **shows a view of** the architecture.（図3の概要はアーキテクチャの概略図を示す）
❸	For **details, see** [Kyun, 2013].（詳細は［Kyun, 2013］を参照のこと）	For **further details on this topic, the reader is kindly invited to refer to** [Kyun, 2013].（このトピックの詳細については恐れ入りますが［Kyun, 2013］をご参照ください）

❹	Figure 2 below **shows** the initial settings.（以下の図2に初期設定を示す）	The initial settings **are shown** in Figure 2 below.（初期設定は以下の図2に示されている） In Figure 2 the initial settings **are shown**.（図2に初期設定が示されている）
❺	**As** can be seen in the figure below ....（以下の図にあるように～）	**As it** can be seen in the figure below ....（同）

27.2 レジェンドの書き方

図表のレジェンドの書き方に標準的なルールはない。キャプション（説明文）は、必要な冠詞や前置詞を正しく使って書こう。以下はその例だ。

> Figure 1. The main characteristics of the shock absorbers.
> （図1. ショックアブゾーバーの主な特徴）

ポイント

- Figure, Table, Appendixなどの単語の頭文字は大文字にする。略語は使わない。
- 図表番号とキャプションの間にピリオドとスペースを入れる。
- 説明文の文頭の単語は、頭文字を大文字にする。
- ピリオドで終える。

27.3 他のセクションに言及する

❶ 同じ文書内にある別の部分に言及する場合、above, below, later, on the previous page, in the next sectionのような表現はできるだけ使わない。具体的な見出し名やページ番号を書く。

❷ 同じ文書ですでに述べた名詞に言及する場合、[名詞＋mentioned above]、または［above-mentioned＋名詞］とする（ハイフンの使い方→**25.6節**）。

❸ hereafter（以後、以下）は長い用語を省略して記載したいときに便利な単語だ。略語の記載後は一貫して略語を使用する。

❹ the followingの後ろには名詞を置く。

	○ 良い例	× ❶～❹ 非推奨 ❺ 悪い例
❶	As mentioned in **Section 2**, this procedure is …. (第2節で述べたようにこの手順は～)	As mentioned **above**, this procedure is …. (上記で述べたようにこの手順は～)
❶	This procedure is extremely complex and is described in **Section 4**. (これは大変複雑な手順であるため第4節で解説する)	This procedure is extremely complex and is described **later**. (これは大変複雑な手順であるため後述する)
❷	The function **mentioned above** is …. (前述の機能は～)	The function **above mentioned** is …. (同)
	The **above-mentioned** function is …. (同)	
❸	This feature is known as an 'automatic rendering and masking agent' **hereafter** ARM agent. (この機能は「自動レンダリングおよびマスキング効果」として知られ、以下「ARM効果」とする)	This feature is known as an 'automatic rendering and masking agent' **in the following** ARM agent. (この機能は以降「ARM効果」としたもので「自動レンダリングおよびマスキング効果」として知られる)
❹	The **following versions** can be used: (次のバージョンが使用可能だ：)	The versions that can be used are **the following**: (同)
	The versions that can be used are **as follows**: (同)	

第28章 英米のスペルの違いと間違えやすい単語

28.1 基本的なスペルのルール

ルール	原形	三単現 複数	過去分詞 比較級	-ing形	-ly / -able
1音節： 1母音+2子音	work	works	worked	working	workable
	quick		*quicker*		quickly
1音節： 2母音+1子音	heat	heats	heated	heating	heatable
	great		*greater*		greatly
1音節： 1母音+1子音	stop	stops	stopped	stopping	unstoppable
	glad		*gladder*		gladly
2音節： 第1音節に強勢	cover	covers	covered	covering	coverable
2音節： 第2音節に強勢	prefer	prefers	preferred	preferring	preferable
-ch	reach	reaches	reached	reaching	reachable
	note	notes	noted	noting	notable
子音+e	enlarge	enlarges	enlarged	enlarging	enlargeable
	large		*larger*		largely
-c+e	replace	replaces	replaced	replacing	replaceable
-e+e	agree	agrees	agreed	agreeing	agreeable
-i+e	tie	ties	tied	tying	untieable
-is	thesis	theses			
-l+e	sample	samples	sampled	sampling	samplable
	simple		*simpler*		simply
-u+e	argue	argues	argued	arguing	arguable

-ic	panic	panics	pan**ick**ed	pan**ick**ing	trag**ically**
-lic	public				publ**icly**
-l	travel	travels	(英) trave**ll**ed (米) traveled	(英) trave**ll**ing (米) traveling	
	hill		*hillier*		hilly
-no	piano	pianos			
-o	forego	foreg**oe**s		foregoing	foregoable
	potato	potat**oe**s			
-sh	push	pushes	pushed *pushier*	pushing	pushable
-ss	pass	passes	passed	passing	passable
母音+w	narrow		*narrower*		narrowly
-x	fix	fix**es**	fixed	fixing	fixable
子音+y (1音節)	shy	**shies**	**shied** ***shier***	shying	shyly
子音+y (2音節)	happy		*hap**pier***		hap**pi**ly
	marry	mar**rie**s	mar**rie**d	marrying	mar**ria**ble
母音+y	enjoy	enjoys	enjoyed	enjoying	enjoyable
-zz	jazz	jazz**es**	jazzed *jazzier*	jazzing	jazzable

表の読み方

- ルール欄のアルファベットは単語の語尾を示す。
- 綴りの規則性を示すことを目的としているため、一般的ではない活用形(gladder, jazzableなど)も収載した。
- アメリカ英語とイギリス英語のどちらの形を選択するかは、ジャーナルの規定を確認する。1つの文書の中では、どちらかのスタイルを一貫して使わなければならない。https://en.wikipedia.org/wiki/Spelling_differences#Simplification_of_ae_and_oe も参照。

- ageing/aging, spelled/spelt, dreamed/dreamt, focussed/focused, focussing/focusingには2種類の綴り方がある。
- 名詞か動詞かで綴り方が異なる場合がある。名詞“imblance”の動詞は“unbalance”であり、“practice”はアメリカ英語の場合、変化しないが、イギリス英語では動詞として使う場合に“practise”と書く。
- 語尾の-izeと-iseの使い分けは特別な理由のない場合が多い。

28.2 イギリス英語とアメリカ英語のスペルの違い（ルール別）

日本語訳→28.3節

イギリス式	アメリカ式	イギリス式の例	アメリカ式の例
-ae-, -oe-	-e-	anaemia, archaeology, anaesthesia	anemia, archeology, anesthesia
-amme	-am	programme	program
arte-	arti-	artefact （artificial, artistなどは可）	artifact
-ce	-se	defence, offence	defense, offense
-ce	-se	（名）practice, licence （動）practise, license	practice, license
-edge-	-edg-	acknowledgements	acknowledgments
-elled	-eled	modelled, travelled	modeled, traveled
-ey	-ay	grey	gray
-ise, -yse	-ize, -yze	analyse, materialise, realise	analyze, materialize, realize
-ium	-um	aluminium	aluminum
-l	-ll	marvellous	marvelous
-ller	-ler	modeller, traveller	modeler, traveler
-oe	-e	oedema	edema
-ogue	-og	analogue, catalogue, dialogue	analog, catalog, dialog
-our	-or	behaviour, colour, flavour	behavior, color, flavor

-ph-	-f-	sulphur	sulfur
-que	-k	cheque	check
-re	-er	centre, fibre, metre	center, fiber, meter
-wards	-ward	backwards, forwards, towards	backward, forward, toward

28.3 イギリス英語とアメリカ英語のスペルの違い（アルファベット順）

イギリス式	アメリカ式	意味
acknowledgements	acknowledgments	謝辞
aluminium	aluminum	アルミニウム
anaemia	anemia	貧血
anaesthesia	anesthesia	麻酔
analogue	analog	類似体
analyse	analyze	分析する
archaeology	archeology	考古学
artefact	artifact	人工物
backwards	backward	後方の
behaviour	behavior	行動
catalogue	catalog	目録
centre	center	中心
cheque	check	小切手
colour	color	色
defence	defense	防衛
dialogue	dialog	対話
empower	impower/empower	権限を与える
ensure	insure/ensure	確実にする

fibre	fiber	繊維
flavour	flavor	風味
forwards	forward	前方の
grey	gray	灰色
labelled	labeled	標識をつけた
licence license	license license	(名) 許可 (動) 許可を与える
marvellous	marvelous	驚くべき
materialise	materialize	具体化する
metre	meter	メートル
modelled	modeled	モデルとなる
modeller	modeler	モデル作成者
oedema	edema	浮腫
offence	offense	攻撃
practice practise	practice practice	(名) 練習 (動) 練習する
programme	program	プログラム
realise	realize	理解する
sulphur	sulfur	硫黄
towards	toward	～に向かって
travelled	traveled	旅行した
traveller	traveler	旅行者

28.4 スペルチェック機能で検出されないミス

スペルミスをしても、実際に存在する単語になってしまうと機械は指摘しないだろう。論文が完成したら次の表にあるような単語を間違えていないかを確認しよう。ただし、スペルの似た単語は他にも多くあり、この表に挙げた単語はごく一部の例に過ぎない。

間違えやすい単語	例文
addition (名) 追加	The addition of gold led to higher values. (金を加えることで価値が高まった)
addiction (名) 中毒	Their addiction to cannabis had let to behavioral problems. (大麻中毒により行動面での問題が起きた)
analyzes / ses (動) 分析する	The software analyzes the data. (そのソフトウェアはデータを分析する)
analyses (名・複数。単数形 analysis) 分析	We carried out two analyses. (2種類の分析を実施した)
assess (動) 評価する	We assess the pros and cons. (メリットとデメリットを評価する)
asses (名・複数) ロバ	Horses and asses (*equus asinus*). (馬とロバ)
context (名) 文脈	The meaning of a word may depend on the context. (単語の意味は文脈に左右されることがある)
contest (名) 競争	This is basically a contest between males and females. (これは基本的に男性対女性の競争だ)
chose (原形 : choose) 選択する	In the past we always chose this method because …. (過去には～のため常にこの方法を選択した)
choice (名) 選択	The rationale behind our choice was …. (我々の選択の背景にある根拠は～)
drawn (原形 : draw) 引き出す	Conclusions are drawn in Sect. 5 (結論はセクション5に示した)
drown (動) 溺死する	The fish drown in the nets. (魚は網にかかって死ぬ)
fell (原形 : fall) 落下する	The tree fell on the house. (木が家の上に倒れた)
felt (原形 : feel) 感じる	The patients said they all felt anxious. (患者らは皆不安を感じると述べた)
filed (原形 : file) ファイルに入れる	It is filed under 'docs'. (「文書」のファイルに入っている)
field (名) 分野	The field of ICT is ever growing. (ICT分野は絶えず成長している)
form (動) 形成する	We would like to form a new group. (新しいグループを編成したい)
from (前) から	Professor Yang comes from China. (ヤン教授は中国出身だ)

found (原形：find) 発見する	We found very high values in .... (～に大変高い価値を見出した)
founded (原形：found) 創立する	IBM was founded in 1911. (IBMは1911年に設立された)
lose (動) 失う	Companies may lose a lot of money. (企業は多額の損失を出す可能性がある)
loose (形) ゆるい	There is only a loose connection between the two. (その2つにはゆるやかな結びつきしかない)
rely (動) 頼る	We rely on CEOs to make good decisions. (我々はCEOが優れた判断を下すことを期待している)
relay (動・名) 中継 (する)	This relays the information to the train's onboard computer. (これは電車に搭載したコンピュータに情報を伝える)
than (接・副) よりも	This is better than that. (これはあれよりも優れている)
then (副) それから	After Stage 1, we then added the liquid. (ステージ1の後、液体を加えた)
thanks (名・複数) 感謝	Thanks are due to the following people: (次の方々に感謝する：)
tanks (名) タンク、戦車	The fish were stored in water tanks. (魚を水槽に用意した)
though (副・接) にもかかわらず	The overheads are high, though the performance is excellent. (性能はすばらしいが経費がかかる)
tough (形) 強靭な	This is a tough question to answer. (これは難しい質問だ)
through (前) を通り抜けて	This was achieved through a comparative study of .... (～の比較研究を通して達成された)
trough (名) トラフ、飼い葉桶	Pigs eat from a trough. (豚はエサ入れから食べる)
two (名) 2	Two replications were made. (複製を2体作成した)
tow (動) 綱などで引く	The car is equipped to tow a caravan. (車にはトレーラーハウスを牽引する機能が備わっている)
three (名) 3	Tests were repeated three times. (試験は3回繰り返された)
tree (名) 木	Tests were conducted on an apple tree. (試験はリンゴの木の上で実施された)

use (名・動) 使用 (する)	We use a method developed by .... (~が開発した方法を使用している)
sue (動) 告訴する	Patients frequently sue their physicians for malpractice. (患者は医療過誤で医師を頻繁に訴える)
weighed (原形 : weigh) 重さを量る	The samples were dried and then weighed. (標本を乾燥させてから計量した)
weighted (形) 重みつきの	The weighted values were obtained by dividing the integral of the .... (~の積分を除算して加重値を算出した)
which (代) どれ	This worked well, which was surprising considering that .... (これはうまく作動したが、それは~を考慮すると驚くべきことだった)
witch (名) 魔女	Life often ended early for a witch in medieval times – burnt on the stake. (中世の魔女は多くの場合若くして一生を終えた——火あぶりの刑によって)
with (前) ~と	We worked with them in 2013 (2013年に我々は彼らとともに働いた)
whit (名) 聖霊降臨祭	Whit is a religious festival. (聖霊降臨祭とは宗教的なお祭りだ)

付録1：語形・文型・成句の一覧

付録1に以下の語をまとめた。

- 不規則動詞（アカデミアでよく使われる動詞のみ）
- to不定詞、動詞-ing形
- 動詞＋前置詞
- 名詞＋前置詞
- 形容詞＋前置詞

表の読み方

[ ]	過去形と過去分詞（1語のみの場合は同形）
+inf	to不定詞をとる
+ing	動詞-ing形をとる
+inf/ing	上記の両方をとるが、意味は異なる可能性がある
名	名詞
動	動詞
/	両方可能だが、意味は異なる可能性がある
,	コンマの後の単語をメインの単語の前に置く（例：addition to, inはin addition toとして読む）
-	前置詞を置かない

abide [abode] by	～に従う
ability + inf	～できる能力
able + inf	～できる
above -	～の上に
absence of, in the	～がないときに
accept + inf	～することを受け入れる
accompanied by	～を伴う
accordance with, in	～と一致して
according to	～によれば
account for	～を説明する
accustomed to	～に慣れている

achieved by	～によって達成される
acquaint with	～に習熟する
act as	～の役を務める
act upon	～に基づいて行動する
action of X on Y	XのYに対する作用
adapt X to Y	XをYに適応させる
add up to	合計～となる
add X to Y	XをYに加える
addition of X to Y	XのYへの追加
addition to, in	～に加えて
adequate for	～のために十分な量の
adhere to	固守する
adherence to	～に対する固守
adjacent to	～に隣接した
adjust X to Y	XをYに適合させる
advance, in	前もって
advantage in	～における利点
advantage of X over Y	XのYにまさる利点
adverse to	～に反対の
advise X to do Y	XにYするように勧める
affiliated to	～に加入する
agree + inf	同意する
agree with	～に賛成する
aid X to do Y	XがYするのを助ける
aim + inf	～することを目指す
aimed at	～に向けた
allocate X to Y	XをYに割り当てる
allow for	～を考慮に入れる
allow X to do Y	XにYすることを許す
allowance for	～の手当
ally with	～と同盟する
alteration in	～における変化
alternative to	～の代案

amenable to	～に従順な
amount to	～に達する
analogous to	～に類似した
answer to	(名) ～への回答
answer X	(動) Xに答える
apart from	～から離れて
appeal to	～に訴える
appear + inf	～のように見える
append X to Y	XをYに付け加える
apply X to Y	XをYに適用する
appointment with	～との約束
approach to	～に接近する
approach, in this	この取り組みでは
appropriate for	～に適している
approve of	～に賛成する
arise [arose, arisen] from	～から生じる
arranged in/into	～に配列した
arrive (at)	～に到着する
article on/about	～についての記事
ask for X	Xを求める
ask X to do Y	XがYするように頼む
assign X to Y	XをYに割り当てる
assimilate X into Y	XをYに同化する
assist in	～を助ける
assist X to do Y	XがYするのを助ける
assist X with Y	XのYを助ける
associate X with Y	XをYに関連づける
assume that	～と仮定する
assumed + inf	～であると仮定する
assumption, on/under the	～という仮定に基づいて
attach X to Y	XをYに取り付ける
attempt to + inf, at + ing	(名) ～する試み
attempt + inf	(動) ～しようと企てる

attention on	～に注目して
attention to, give [gave, given]	～に注意を払う
attract X to Y	XをYに引きつける
attracted to/by	～に引きつけられる
attribute X to Y	XをYのせいにする
average, on	平均して
avoid + ing	～を避ける
aware of	～に気づいている
axis, on an	軸を中心に
balance X with/against Y	XとYの釣り合いをとる、天秤にかける
based on	～に基礎を置く
basis, on the	～を基礎として
be [was, been]	～である
bear [bore, born] in mind	覚えている
bear [bore, borne] out	～を支持する
become [became, become]	～になる
begin [began, begun] + inf/ing	～し始める
begin [began, begun] with	～から始まる
believe in	～（の存在、正しさなど）を信じる
belong to	～に属している
below -	～より下に
benefit from	～から利益を得る
benefit of, a	～の利益
bind [bound] X to Y	XをYに結びつける
birth to, give [gave, given]	～を産む
bite [bit, bitten]	～を噛む
blame X for Y	YのことでXを責める
bleed [bled]	出血する
blow [blew, blown]	吹く
book on/about	～に関する本
book, in a	本の中に
borrow from	～から借りる
bottom, at the	～の底に

bound to	～と結びついた
bounded by	～と境を接する
break [broke, broken]	壊れる
breed [bred]	子を産む
bring [brought]	持ってくる
broadcast [-cast/-casted]	～を放送する
build [built] on	～の上に築く
burn [burnt/burned]	燃える
burst [burst]	爆発する
calculate for	～のために計算する
call attention to	～に対する注意を促す
candidate for	～に対する立候補者
capable of	～する能力がある
capacity for	～できる能力
caption to the figures	図へのキャプション
careful + inf	～するように気をつける
carry out	実行する
cash, in	現金で
catch [caught]	捕まえる
cater for	～に応ずる
cause X to do Y	XにYさせる
cease + inf/ing	～することをやめる
challenged with	～という挑戦に直面して
chance, by	偶然に
chances of	～の可能性
change in	～の変化
change X into Y	XをYに変える
change X with/for Y	XをYに取り替える
characterized by	～の特徴がある
charged to	～に課せられた
charged with	～で告発する
check whether	～かどうか調べる
choice, by	自ら好んで

choose [chose, chosen] between/from	～の間/～から選ぶ
claim + inf	～であると主張する
close to	近接した
closed to	～に対して閉ざされている
clue to	～する手がかり
clustered in	～で密集して
coefficient on	～の係数
coerce X to Y	XにYするように強要する
coincide with	～と同時に起こる
collaborate with	～と協同する
collide with	～と衝突する
colored [with]	～で色のついた
combination of X and Y	XとYの組み合わせ
combine X with Y	XとYを結合させる
come [came, come]	来る
command X to do Y	XにYするよう命令する
comment on	～についての論評
commit X to Y	XをYに委ねる
common to	～に共通の
common with, in	～と共通して
comparable to/with	～に匹敵する
compare X to/with Y	XをYと比較する
comparison of X and Y	XとYとの比較
compatible with	～と互換性がある
compel X to do Y	Xに無理やりYさせる
compensate for	～を埋め合わせる
compliance with, in	～に従って
comply with	～に従う
composed of	～から成り立つ
comprised of/in	～から成る
conceive of	～を思いつく
concentrate on	～に集中する
concern	～に関係する

concerned with/about	～に関心を持って
concerned, as far as X is	Xに関する限り
concession to	～への譲歩
conclusion, in	結論としては
concur with	～について同意する
condition, under/in a	条件下で
confer with	～について相談する
confer X on Y	XをYに授与する
confidence in	～に対する信頼
confine X to Y	XをYに制限する
conflict with	～に衝突する
conform to	～に従う
confuse (X and Y)	（XとY）を混同する
confusion with/between	～との区別がつかないこと
congratulate X on Y	XをYのことで祝う
connect to/with	～とつながる
connection with, in	～との結びつき
conscious of	～を意識している
consent + inf	～することに同意する
consequence of, (as a)	～の結果として
consequent from	～の結果として起こる
conservative over	～について保守的な
consider	～かどうかよく考える
consign X to Y	XをYに引き渡す
consist in + ing	～に存在する
consist of	～から成り立つ
consistent with	～と一致する
constraint on	～の制約
consult (with)	～と相談する
contact in	～の件で連絡をとる
contact with, in	～と接触する
contained in	～に含まれている
contaminated with	～で汚れた

contingent to	～に付随する
continue + inf/ing	～し続ける
contradistinction to	～と対比して
contrary to	～に反した
contrary, on the	それどころか
contrast to, in	～とは対照的に
contrast, by	それに反して
contribute to	～に寄与する
contrive + inf	～しようと企てる
control, in	支配している
control, out of	制御できない
converge to / in	～に集まる
convert X into Y	XをYに替える
convert X to Y	XをYに転向させる
convertible into	～に変えられる
convey X to Y	XをYへ運ぶ
convince X to do Y	Xを説得してYさせる
cooperate for X	X（目的）のため協力する
cooperate in X	X（仕事）について協力する
cooperate with X	X（人）と協力する
coordinate X with Y	XをYと調整する
cope with	～に対処する
correct X to Y	XをYに訂正する
correlate X with Y	XをYと関連づける
correspond to	～に一致する
correspond with	～と連絡をとる
cost [cost] -	（費用が）かかる
count on	～を頼りにする
counteract by	～で打ち消す
coupled with	～と相まって
credit for	～についての功績
cut [cut]	切る
deal [dealt] with	～を取り扱う

debate about	～について話し合う
decide + inf	～しようと決心する
decide for/against	～することに/しないことに決める
decide on	～に決める
decompose X into Y	XをYに分解する
decrease in	～の縮小
deduce X from Y	XをYから推定する
defend X from Y	XをYから防御する
deficiency of X in Y	XのYでの欠如
defined as	～と定義する
defined by	～によって定義される
definition, by	定義によれば
degenerate into	～へ退化する
delay + ing	～することを延期する
delay in	～の遅れ
deliver X to Y	XをYに送付する
demand that X do Y	XがYすることを要求する
denote X by/with Y	XをYと表示する
depend on	～を当てにする
dependence on	～への依存
depending on	～に応じて
deposit on/onto	～上に沈着する
deprive X of Y	XからYを奪う
derive X from/by Y	YからXを引き出す
designated by	～で示された
designed by	～によって設計された
detach X from Y	XをYから引き離す
detail, enter into	～について詳述する
detail, in	詳細に
deter X from Y	XにYするのを思いとどまらせる
detriment of, to the	～を損なって
detriment to, without	～を損なわずに
develop X into Y	XをYに発達させる

deviate from	～から逸脱する
deviation in	～の逸脱
devoid of	～を欠いている
devote to	～に充てる
diagnose X as being Y	XをYと診断する
die of	～で死ぬ
differ from	～において違う
difference from/between	～との/～の間の相違
difference in	～の差
different from	～とは違った
differentiate between	～の間の区別をする
difficulty in	～するときの難しさ
difficulty, with	やっとのことで
direct X to do Y	XにYするように指図する
disagree with	～について意見が合わない
disassociate from	～を分離する
discourage X from doing Y	XにYするのをやめさせる
discuss X with Y	XをYと話し合う
discussion, under	審議中で
dispense with	～なしで済ます
displacement of	～の置き換え
dissolved in	～の中に溶けている
distinct from	～と異なった
distinguish between X and Y	XとYの区別をつける
distinguish X from Y	XをYと区別する
divide (up) X into Y	XをYに分ける
divide by	～で割る
do [did, done]	～をする
dominate over	～を支配する
doubt whether	～かどうか疑う
downstream of	～の下流
draw [drew, drawn] attention to	～に注意を向けさせる
draw [drew, drawn] on	～を利用する

drawback of/to	～の欠点
dream [dreamt/dreamed] about	～の夢を見る
drink [drank, drunk]	～を飲む
drive [drove, driven] by	～で動く
dry in	～で乾燥する
due to	～のせいで
duty to	～に対する義務
ease, with	容易に
effect of X on Y	XがYに及ぼす効果
effect, bring [brought] into	～を実施する
elevate X to Y	XをYまで高める
embark on	～に着手する
emitted by	～によって放出された
emphasis on	～の強調
empty of	～の欠けている
enable X to do Y	XにYすることを可能にさせる
encourage X to do Y	XをYするように励ます
end, to this	このために
endowed with	～を授かった
enquire into	～を調査する
enroll in	～に登録する
ensue from	～の結果として起こる
entail + ing	～を伴う
enter [into]	～に入る
entitled to	～する資格がある
entrust X with Y	XにYを任せる
envisage + ing	～することを予想する
equal to	～と等しい
equate to	～に相当する
equate X with Y	XをYと同一視する
equilibrium, in	釣り合って
equip X for Y	XをYのために装備する
equipped with	～を備えている

equivalent to	~に等しい
essential to	~にとって不可欠の
event of, in the	~の場合に
evidence from	~から得た証拠
evidence of/for	~の/~するための証拠
examination, under	検査中で
except for	~を除いて
exception of, with the	~を除いて
excess of X in Y	XのYでの過多
excess of, in	~を上回って
exchange X for/with Y	XをYと交換する
exclude X from Y	XをYから締め出す
exert X on Y	XをYに及ぼす
exertion, by	努力によって
expect X to do Y	XがYすることを期待する
experience in	~の経験
experiment with	~の実験
expert on, an	~の専門家
explain X to Y	XをYに説明する
explanation, in	~の説明として
expose X to Y	XをYにさらす
exposure to	~にさらすこと
expressed by	~で表現された
expressed in	~で表されている
extend X to Y	XをYまで延長する
extension of	~の拡張
extent, to an	~という程度まで
external to	~の外部の
extreme, at	極端な
faced with	~と直面して
fact, in	実際は
fail + inf	~し損なう
fail in + 名詞 + ing	(名詞) が~することに失敗する

fall [fell, fallen]	落ちる
fall in, a	～の下落
fault in/with	～の誤り
feasibility of	～の実現可能性
feature of	～の特徴
feed [fed] X into Y	XをYに供給する
feel [felt]	～と感じる
fight [fought]	戦う
fill in/out	～に書き込む
fill with	～で満たす
find [found] (to)	～とわかる
fit in	～に合う
fit with	～と一致する
fit X into Y	XをYにはめ込む
fluctuation in	～の変動
fly [flew, flown]	飛ぶ
focus (X) on Y	（Xを）Yに集中させる
follow on from	～に続いて起こる
forbid [-bade, -bidden] X to do Y	XにYすることを禁ずる
force X to do Y	XにYすることを強制する
forecast [-cast / -casted]	～を予測する
foresee [-saw, -seen]	～を予想する
forget [-got, -gotten]	～を忘れる
form of, in the	～の形で
formed by	～により形成された
formed on	～に形成された
free + inf	自由に～することができる
free X of/from Y	XをYから解放する
freeze [froze, frozen]	凍る
front of, in	～の前に
full of	～で満ちた
function of, as a	～の関数として
fundamental to	～にとって基本的な

generate X from/by Y	XをYから生み出す
get [got, got/gotten]	得る
give [gave, given] rise to	～を生じさせる
give [gave, given] XY	XにYを与える
go [went, gone]	行く
gradation, in	段階的に
graduated in	～を卒業する
grant X to Y	XをYに与える
grind [ground]	研ぐ
grounds of, on the	～の理由で
group X into Y	XをYに分類する
grow [grew, grown]	成長する
guarantee + inf	～すると約束する
guarantee against	～に対して保証する
guarantee X that Y	XにYを約束する
guarantee X Y	XにYを約束する
guided by	～によって導かれる
hang [hung]	つるす
have [had]	持っている
hear [heard]	聞こえる
help X to do Y	XがYするのを手伝う
help X with Y	XのYを手伝う
hide [hid, hidden] X from Y	XをYから隠しておく
hit [hit]	打つ
hold [held] (true) for	～に当てはまる
hurt [hurt]	～を傷つける
hypothesis, under a	仮説のもと
identical to	～と等しい
immerse X into Y	XをYに浸す
immersed in	～に浸した
immunity to	～に対する免疫
impact on	～への影響
impart X to Y	XをYに分け与える

impermeable to	～に不透過性の
implicated in	～に関係した
imply + ing	～を意味する
importance to	～にとっての重要性
impose X on Y	XをYに課す
improve on	～を改良する
improvement in/on	～の改良
incident upon	～に伴って発生して
include X in Y	XをYに含む
inclusive of	～を含めて
incompatible with	～と相いれない
incongruous with	～と不調和な
incorporate X into Y	XをYに組み入れる
increase in, an	～の増加
increased by	～たけ増加した
indebted to	～に借金がある
independent of	～と独立して
induce X to do Y	XにYするように勧める
infected with	～に感染した
inferior to	～より下級の
influence X	(動) Xに影響を及ぼす
influence of X on Y	(名) XのYに及ぼす影響
inherent in	～に本来備わっている
initiate X into Y	XにYを教える
inject X into Y	XをYに注ぎ込む
input into	～への入力
input (inputted)	～を入力する
inscribe with	～を刻む
insert X into Y	XをYに差し込む
insertion into	～への差し込み
insight into	～に対する見識
insist on	～を強く主張する
inspired by	～から刺激を受けた

instant, at an	ちょうどそのとき
instead of	~の代わりに
integral with	~と一体化して
intend + inf	~するつもりである
intended for	~のために意図されている
interact with	~と互いに影響し合う
interest in	~に対する関心
interested in	~に興味を持っている
interests of, in the	~の利益のために
interfere with	~に抵触する
internal to	~の内部に
interval, at	一定の間隔をおいて
introduce in/into	~に導入する
introduce X to Y	XをYに導入する
invest (X) in Y	(Xを) Yに投資する
investigate (into)	~を調査する
investigation, under	調査中で
invite X to do Y	XにYするように勧める
involve + ing	~することを伴う
involved in	~に関与した
irrespective of	~にかかわりなく
isomorphic to	~と同型の
joined to	~につながれた
journal, in a	学術誌で
keep [kept]	保つ
key to	~の鍵
know [knew, known] of/about	~を/について知っている
lack of	~の欠如
last for	~の間続く
lay [laid] stress on	~を強調する
lead [led] X to do Y	XがYするように誘導する
lean [leant/leaned] on	~に寄りかかる
learn [learnt/learned] + inf	~する方法を学ぶ

least, at	少なくとも
leave [left]	～を去る
left, on the	～の左側
legend to the figures	図のレジェンド
lend [lent] force to	力を貸す
lend [lent] XY	XにYを貸す
let [let] X do Y	XにYさせる
level, on a	同じ高さの
liaise with	～と連絡をとる
license X to do Y	XにYする許可を与える
light [lit]	～に火をつける
light of, in the	～に照らして
likelihood of	～の可能性
likened to	～にたとえられる
limit X to Y	XをYに制限する
limit, within a	限度内で
linear to	～に対して直線的な
linked to	～とつながっている
load X into/onto Y	XをYに載せる
look forward to	～を期待する
lose [lost]	～を失う
loss of	～の喪失
made up of	～で構成されている
magazine, in a	雑誌で
make [made] X do Y	XにYさせる
manage + inf	～を何とかやり遂げる
map onto	～の上に描く
map X on/onto Y	XをYの上に描く
map, on a	地図に載っている
match（動）-	～に合う
maximum, at a	最高で
mean [meant] + inf	～するつもりである
mean [meant] by	～の意味で言う

means of, by	～によって
measured in	～において測定した
mediate between	～の仲介をする
meet [met] (with)	～に遭遇する
middle, in the	～の真ん中に
minimum, at a	最低で
mislead [-led]	～を誤った方向に導く
mistake [-took, -taken] X for Y	XをYと間違える
mistake, by	誤って
mix X with Y	XをYと混ぜる
modification to	～に対する修正
modify X into Y	XをYに修正する
more than	より多くの
most, at	多くて
motion, in	運動中の
move X to Y	XをYに動かす
multiply X by	Xを掛ける
nature, by	生来
near -	～の近くに
necessity of	～の必要性
necessity, by	必然的に
need + inf/ing	～する（される）必要がある
need for	～の必要性
neglectful of	～に不注意な
neighbor of	～の隣
next to	～の隣の
normal to	～に垂直の
obey X	Xに従う
object to	～に反対する
oblige X to do Y	Xに余儀なくYをさせる
occasion, on an	～の機会に
occur in	～に生じる
offer to do X for Y	YのためにXしようと申し出る

offer XY	XにYを申し出る
open to	～に開かれた
operation, in	作動中で
opportunity + inf, for	～する/の機会
opposed to, (as)	～と対立して
opposite -	～と反対側の
order of, in the	～順に
organize X into Y	XをYに編成する
originate from/by	～から生じる
orthogonal to	～と直角の
output (outputted)	～を出力する
overview of	～の概略
owing to	～のおかげで
painted [with]	～を塗った
par with, on (a)	～と同等で
parallel to/with	～に平行して
parallel, in	平行して
part of	～の一部
participate in	～に参加する
partition X into Y	XをYに分ける
pattern, in a	～の様式で
pay [paid] attention to	～に注意を払う
pay [paid] X for Y	YにXを支払う
peculiar to	～に独特の
penetrate into	～に侵入する
permeable to	～に浸透性のある
permission to	～に対する許可
permit X to do Y	XがYすることを許可する
perpendicular to	～と垂直の
persist in	～に固執する
persistence in	～での粘り強さ
persuade X to do Y	Xを説得してYさせる
pertaining to	～について

phone, on the	電話中である
place of, in	~の代わりに
plan + inf	~する計画
play a part in	~で役割を果たす
point of view, from	~の観点から
point out	~を指し示す
point to (at)	~を指す
point, at a	一点で
poor in	~に乏しい
possession of, in	~を所有している
possibility of	~の可能性
power of, to the	~乗
practice, in	実際には
precedence over, have	~よりも優先される
precedence to, give	~を優先させる
predicted by	~によって予測される
predominate over	~より優位を占める
prefer X to Y	YよりXのほうを好む
preliminary to	~の予備の
preoccupied with	~に夢中になった
prepare X for Y	XをYのために用意する
prepared + inf	~する用意がある
prescribe X for Y	XをYに処方する
presence of, in the	~のいる前で
preside over	~を統轄する
press, at the	印刷中で
pressure, at a	~の圧力で
pressure, under	加圧されて
pretext for	~するための口実
prevail over	~に打ち勝つ
prevent X from	Xが~するのを妨げる
principle, in	原則として
prior to	~より前に

probability of	～の確率
problem with	～にかかわる問題
proceed + inf	続いて～する
proceed by + ing	～することによって進む
proceed with	～を進める
product of	～の積
profit from	～から利益を得る
progress, in	進行中で
project X onto/upon Y	XをYに投射する
prompt X to do Y	XにYすることを促す
proportion to, in	～に比例して
proportional to	～に比例した
propose + ing/inf	～しようと提案する
propose X to Y	XをYに提案する
protect X from/against Y	XをYから/に対して守る
protective of/towards/against	～に保護的な
protest against	～に抗議して
prove [proved, proved/proven] X on Y	YにおけるXを証明する
provide against	(悪いこと) に備える
provide for	～を養う
provide X with Y	XにYを供給する
provoke X to do Y	Xを刺激してYさせる
purpose, on	故意に
put [put] in/into	～に入れる
question, in	問題の
raise X by	～によってXを上げる
raise X to	Xを～まで上げる
random, at	無作為に
range, in the	～の範囲
rate, at a	～の割合
rather than	～するよりも
ratio of X to Y	X対Yの比率
react to/with	～に/と反応する

read [read]	~を読む
reason why	~である理由
reason for	~の理由
recall + ing	~したことを思い出す
recede from	~から遠のく
recommend that X do Y	XにYすることを勧める
reduce X to	Xを~まで減らす
reduced to	~まで減少した
refer X to Y	XをYに紹介する
reference to, with	~に関して
refine X into Y	XをYに精製する
regarded as	~と見なされた
regardless of	~にかかわらず
regards, as	~については
reinforce with	~で補強する
relate to	~と関係づける
related to	~と関係がある
relating to	~と関係している
relation to, in	~に関係して
relation with/between	~との/の間の関係
relationship between/among	~の間の関係
relative to	~に関係のある
release X from Y	XをYから放す
relief from	~からの解放
relief, in	安堵して
relieve X from/of Y	XをYから軽減する
rely on	~に頼る
remember + inf/ing	忘れないで~する/~したことを覚えている
remind X to do Y	XにYすることを思い出させる
remove X from Y	XをYから取り去る
reorganize X into Y	XをYに再構成する
replace X by/with Y	XをYと取り替える
reply to	~に返答する

report on/about	～についての報告
representative of	～の典型
request for	～の要請
request X to do Y	XにYするように要請する
require that X do Y	XがYすることを必要とする
required for	～に必要な
research on/about/into	～についての研究
resemble -	～に似ている
resist + ing	～することに抵抗する
resistance to	～に対する抵抗
resistant to	～に抵抗性がある
respect for	～に対する尊敬
respect to, with	～に関しては
respect, in	～に関して
respond to	～に答える
response to, in	～に応じて
responsible for	～に責任がある
responsive to	～に敏感な
restrict X to Y	XをYに制限する
result from	～から結果として生ずる
result in	～という結果になる
result of, as a	～の結果として
review of/on	～の見直し
review, in a	～を見直して
rich in	～に富んでいる
ride [rode, ridden]	～に乗る
right, on the	～の右側
ring [rang, rung]	～が鳴る
rise [rose, risen]	～が上がる
rise in	～が増加する
risk + ing	～する危険がある
risk of	～の危険
risk to	～に対する危険性

role in, play a	～において役割を果たす
room for	～の余地
rule, as a	原則として
sake of, for the	～のために
same as	～と同じ
same time, at the	同時に
satisfied with	～に満足している
say [said] to	～に言う
scale, on a	～の規模
scope, beyond the	～の範囲外で
seal off/up	～を密閉する
search for	～を捜す
see [saw, seen]	～が見える
seeing as	～であることを考えると
select X from/by Y	XをYから/によって選び出す
send [sent] XY	XをYに発送する
sense, in a	ある意味では
sensitive to	～に敏感に反応する
separate X from Y	XをYから引き離す
series, in	連続して
serve as	～として仕える
serve to	～のために役立つ
set [set, set]	～を配置する
shake [shook, shaken]	～を振り動かす
share X with Y	XをYと共有する
shares in	～の株式
sharing of	～の共有
shed [shed]	～を取り除く
shield X from Y	XをYから保護する
shine [shone]	輝く
shoot [shot]	～を撃つ
show [showed, shown] XY	XにYを見せる
shrink [shrank, shrunk]	縮む

shut [shut]	～を閉める
similar to	～とよく似た
sit [sat, sat]	座る
skilled in	～に熟練した
slide [slid, slidden]	なめらかに滑る
smell [smelt/smelled]	～のにおいをかぐ
soluble in	～に溶ける
solution to/of/for	～の解決策
solve X with Y	XをYで解決する
speak [spoke, spoken] to/with/about	に/と/について話す
specialist in	～の専門家
spell [spelt/spelled]	～を綴る
spend [spent] (時間 + ing)	～（時間）をかける
spill [spilt/spilled]	こぼす
spin [span, spun]	回転する
split [split] into	～に裂く
spoil [spoilt/spoiled]	台なしになる
sponsored by	～の支援を受けた
spread [spread]	広がる
spring [sprang, sprung]	跳ぶ
stand [stood] for	～を表す
steal [stole, stolen]	盗みをする
step in	～に足を踏み入れる
stick [stuck]	～に突き刺す
stimulate X to do Y	Xを刺激してYさせる
stop + inf	～するために立ち止まる
stop + ing	～することをやめる
stop X from doing Y	XがYするのをやめさせる
stored in	～に保管されて
stress on	～へのストレス
strike [struck]	～を打つ
study on/of, a	～の研究
study X	Xを研究する

study, under	研究中で
subject X to Y	XにYを受けさせる
subjected to	～を受けた／～にさらされた
submit X to Y	XをYに提出する
subsequent to	～の後の
substitute by/with/for	～で代用する
subtract X from Y	XをYから引く
succeed in	～に成功する
successful in	～に成功した
succession, in	連続して
suffer from	～で苦しむ
suggest doing X	Xをしようと提案する
suggest that X do Y	XがYすることを提案する
suitability of X for Y	XのYに対する適合性
suitable for	～に適した
suited to	～に適している
summary, in	要約すると
superimposable to	～に重ねることができる
superior to	～より優れて
supply X to Y	XをYに供給する
support for	～への支援
survey of/on	～についての調査
susceptible to	～の影響を受けやすい
swell [swelled, swollen]	膨らむ
swim [swam, swum]	泳ぐ
switch from X to Y	XからYへ転じる
sympathize with	～に同情する
synchronize X with Y	XをYと同期させる
synchronous with	～と同時に起こる
tailored for	～に合わせた
take [took, taken] part in	～に参加する
take [took, taken] X from Y	XをYからとる
take X into account	Xを考慮に入れる

talk about	~について話す
tally with	~と一致する
teach [taught] X to do Y	XにYの仕方を教える
tear [tore, torn]	~を引き裂く
tell [told] XY	XにYを話す
temperature, at	~の温度で
tend + inf	~する傾向がある
tendency to	~への傾向
tending to	~する傾向がある
terms of, in	~に関して
tests on	~の試験
thanks to	~のおかげで
theory, in	理論的には
think [thought] about / of	~について/を考える
throw [threw, thrown]	投げる
tied to	~と結びついた
together with	~とともに
top, at the	~の一番上に
trace out	~をなぞって書く
transform X into Y	XをYに変形させる
translate X into Y	XをYに翻訳する
transmit X to Y	XをYに送る
transparent to	~に透過性のある
transverse to	~を横切って
trouble with	~に関する問題点
try + inf	~しようと試みる
turn X into Y	XをYに変える
TV, on the	テレビで
understand [-stood] how	どのように~か理解する
undertake [-took, -taken] + inf	~することを引き受ける
uniform in	~の点で均一の
unit of	~の単位
unite X with/to Y	XをYと結合する

upstream of	～の上流
urge X to do Y	XをYするように促す
vacuum, under	真空状態で
value, in	価値がある
variance, at	～と矛盾して
variation in	～の変化
vary in	～において異なる
vary with	～とともに変化する
verify whether	～かどうかを実証する
visualize + ing	～するのを心に思い浮かべる
vital to	～にとって不可欠の
vouch for	～を保証する
wait for X to do Y	XがYするのを待つ
want X to do Y	XがYすることを望む
warn X about/against Y	XにYを警告する
watch X doing Y	XがYしているのを見守る
way + inf	～する方法
wear [wore, worn]	～を身につけている
whole, on the	概して
wind [wound]	巻く
work on	～に取り組む
worth + ing	～する価値がある
write [wrote, written]	～を書く
yield to	～に屈する

付録2：用語集

付録2に用語の定義や例をまとめた。本書の中でどのような意味を持つかを示すものであり、公的な定義ではない。

用語	本書での使い方
曖昧さ (ambiguity)	異なる解釈が可能な単語や句
過去分詞 (past participle)	例：it was *found*, we have *found*, we have *seen*, they have *done*
可算名詞 (countable noun)	-sをつけて複数形にできる名詞。例：books, students
関係代名詞 (relative pronoun)	例：who, which, that, whose
間接目的語 (indirect object)	例：I gave the book to AnnaではAnnaが間接目的語
語句 (phrase)	いくつかの語が集まって文の一部になるもの
句読法 (punctuation)	. [ピリオド] , [コンマ] ; [セミコロン] : [コロン] - [ハイフン] (...) [括弧] ? [疑問符] '...' [一重引用符] "..." [二重引用符] などの使い方
句動詞 (phrasal verb)	例：back up, break down, look forward to, turn off, work out
形容詞 (adjective)	名詞を修飾する語。例：significant, usual
語順 (word order)	1つの文の中で名詞、動詞、形容詞、副詞などが表れる順序
最上級 (superlative)	例：best, happiest, most intelligent
時制 (tense)	未来形 (例：we will study, he will study)、現在形 (we study, he studies)、現在進行形 (we are studying, he is studying)、現在完了形 (we have studied, he has studied)、現在完了進行形 (we have been studying, he has been studying)、過去形 (we studied, he studied)、過去完了形 (we had studied, he had studied)、過去進行形 (we were studying, he was studying)
受動態 (passive)	動作の対象を主語にした形式。例：It was found that x = y (受動態)、We found that x = y (能動態)
条件文 (conditional)	例：If I spoke perfect English, it would be easier to write papers
所有格 (genitive)	名詞の所有形。例：Adrian's book

数量詞 (quantifier)	例：some, every, any, all, many
接続詞 (link word, linker)	句や文をつなぐ語や表現。例：and, moreover, although, despite the fact that
前置詞 (preposition)	例：to, a, in, by, from
段落 (paragraph)	1文以上の文の集まり。¶は段落が終わる位置を示す段落記号
直接目的語 (direct object)	例：I have a bookではbookが直接目的語
定冠詞 (definite article)	the
頭字語 (acronym)	例：URL, www, NATO, IBM ＊日本語版では文脈に応じてacronymを「略語」「略称」とした。
動詞-ing形 (gerund)	-ingが語尾につき、名詞のように機能する動詞の一種。 ＊gerundは動詞の原形に-ingをつけた形を全般的に表すため、「動名詞」とせず「動詞-ing形」とした。
動詞-ing形 (- ing form)	-ingが語尾につき、基本的に名詞のように機能する動詞の一種。
能動態 (active)	動作主を主語にした形式。例：We found that x = y (能動態)、It was found that x = y (受動態)
比較級 (comparative)	例：better, happier, more intelligent
不可算名詞 (uncountable noun)	複数形が存在しない名詞。例：information, feedback, software
副詞 (adverb)	主に動詞や形容詞を修飾する語。例：significantly, usually
不定冠詞 (indefinite article)	a / an
不定詞 (infinitive)	動詞の原形。 ＊日本語版では文脈に応じてinfinitiveを「to不定詞」「原形不定詞」と訳し分けた。
文 (sentence)	語が連続したもので、ピリオドで終わる
(法) 助動詞 (modal verb)	can, may, might, could, would, shouldなどの動詞
無冠詞 (zero article)	冠詞をつけないこと。例：Make love not war
名詞 (noun)	複数形を作れる名詞は「可算名詞」、複数形がない名詞は「不可算名詞」。例：a/the paper, a/the result, a/the sample
略語 (abbreviation)	単語の短縮形。例：info (informationの略語)

翻訳者あとがき

ここに、*English for Academic Research: Grammar, Usage and Style*の邦訳『ネイティブが教える　日本人研究者のための論文英語表現術』をお届けします。従来の文法書ではあまり解説されていなかった、しかも私たち英語ノンネイティブの盲点だった事項が、みごとに一冊の本にまとまりました。

本書は、英語を母語としない研究者を対象に、エイドリアン・ウォールワーク氏が長年にわたって執筆し好評を博しているシリーズの邦訳第4弾です。英語で論文を発表する研究者のみならず、英文法をネイティブ的視点から学び直したい英語学習者にもおすすめの良書です。文法や語法はネイティブスピーカーの頭の中でどのように理解されているのでしょうか？

実践的な科学英語を書けるようになるためには、数値の表記の仕方、記号や単位の使い方、レジェンドの書き方、略語、ハイフン、ダッシュ、コロン、セミコロン、コンマなどの正しい使い方に熟知していることも重要です。正しい科学英語を書くことを総合的に追求したのが本書です。

英文を書いていると、これまでに獲得している英文法の知識では対応できないさまざまな問題に遭遇します。例えば、態（能動態か受動態か）の問題、時制の選択、冠詞の使い方、仮定法の深い理解、語順などです。これらの悩ましい問題が本書を学習することで解決されます。

例えば、関係代名詞のthatとwhichの使い分けが難しく感じられることはありませんか？　7.2節に、“thatは先行詞を他の名詞と区別して修飾する”とあります。他と区別するこの感覚がthatのコアイメージです。whichには、先行詞を他の名詞と区別する意識が働きません。7.6節にあるように、“すべて”の先行詞についていえることがwhich以下に示されます。これがwhichのコアイメージです。この違いがわかれば、7.2節の例文Google has many offices. I work for the office which is in London.のwhichの使い方が誤りであることが理解されます。

また、論文を書いていると、現在形を使うべきか過去形を使うべきかなど、時制に悩むこともあるでしょう。下書きした日本語原稿をそのまま英文にすると、時制に誤解が生じる可能性があります。この悩ましい問題は、8.5節以降に英文の目的別に整理されています。

仮定法についても詳しく解説されています（第9章）。私たちは学校で、時間軸を中心に置いて、仮定法現在、仮定法過去、仮定法過去完了に分けて学びますが、本書では、コンディショナル（条件）のレベルを軸に、これをゼロコンディショナルからサードコンディショナルまでの4段階に分けて解説しています。これが英語ネイティブの頭の中にある仮定法の理解です。英語ネイティブは、仮定法をこのようにとてもシンプルに整理し、理解しています。

単語レベルにおいても、例えば、moreoverの後には否定的な情報が続くことが多いことや（13.2節）、betweenは決して2者間だけの対比ではないこと（14.4節）、その他にも英文の簡潔さ、明瞭さ、一貫性を維持するためのさまざまな語句や単語の使い分けが解説されてあり、発見は尽きません。

後半は英文ライティングの実践的アドバイスです。中でも、語順と情報配列の順序に大きな焦点が当てられています（第15～18章）。語順は、私たち日本人のウイークポイントの一つです。普段から疑問に思いながらも解決されずにいたさまざまな問題が解説されています。15.2節に、“文章は、道順を示す地図のように書くべきだ”とありますが、これが情報配列の順序に対する英語ネイティブのコアの感覚です。日本語と英語の語順の根幹に、この意識の違いが存在しています。第20章以降には、実践的な科学英語を書けるようになることを前提に、スタイルガイドがまとめられています。

海外で高く評価されている本シリーズの邦訳版も、これで無事に4冊目を迎えました。いつも励ましてくださった編集部の秋元将吾氏、そして今回も温かいエールとアドバイスを何度もくださった著者のエイドリアン・ウォールワーク氏に感謝の意を表します。

本書を学習することで、まだ知らなかった英語ネイティブの英語表現の感覚をいたるところに発見することができるでしょう。本書が、英文法をネイティブレベルで理解し、さらにステップアップしたいと願っている読者の英語表現学習に少しでもお役に立つことを、著者のエイドリアン同様に私たちも心から願っております。

2024年1月

前平謙二／笠川梢

索引

アルファベット

A

B

C

D

O

P

R

S

T

U

W

Y

五十音

あ

か

ま

や

ら

著者紹介

エイドリアン・ウォールワーク

1984年から科学論文の編集・校正および外国語としての英語教育に携わる。2000年からは博士課程の留学生に英語で科学論文を書いて投稿するテクニックを教えている。30冊を超える著書がある（シュプリンガー・サイエンス・アンド・ビジネス・メディア社、ケンブリッジ大学出版、オックスフォード大学出版、BBC他から出版）。現在は、科学論文の編集・校正サービスの提供会社を運営（e4ac.com）。連絡先は、adrian.wallwork@gmail.com

訳者紹介

前平 謙二

医学論文翻訳家。JTF（日本翻訳連盟）ほんやく検定1級（医学薬学：日→英、科学技術：日→英）。著書に『アクセプト率をグッとアップさせるネイティブ発想の医学英語論文』メディカ出版、訳書に『ネイティブが教える　日本人研究者のための論文の書き方・アクセプト術』『ネイティブが教える　日本人研究者のための英文レター・メール術』『ネイティブが教える　日本人研究者のための国際学会プレゼン戦略』講談社、『ブランディングの科学』朝日新聞出版、『P&Gウェイ』東洋経済新報社。ウェブサイト：https://www.igaku-honyaku.jp/

笠川　梢

翻訳者。留学、社内翻訳者を経て、2005年独立。主に医療機器や製薬関連の和訳に携わる。訳書に『ネイティブが教える　日本人研究者のための論文の書き方・アクセプト術』『ネイティブが教える　日本人研究者のための英文レター・メール術』『ネイティブが教える　日本人研究者のための国際学会プレゼン戦略』講談社、『ARの実践教科書』マイナビ出版（共訳）。日本翻訳連盟会員、日本翻訳者協会会員。

NDC836.5　　313p　　21cm

ネイティブが教える　日本人研究者のための論文英語表現術
文法・語法・言い回し

2024年1月26日　第1刷発行

著　者　エイドリアン・ウォールワーク
訳　者　前平謙二・笠川　梢
発行者　森田浩章
発行所　株式会社 講談社
〒112-8001　東京都文京区音羽2-12-21
販　売　(03) 5395-4415
業　務　(03) 5395-3615

KODANSHA

編　集　株式会社 講談社サイエンティフィク
代表　堀越俊一
〒162-0825　東京都新宿区神楽坂2-14　ノービィビル
編　集　(03) 3235-3701

本文データ制作　美研プリンティング 株式会社
印刷・製本　株式会社 KPSプロダクツ

落丁本・乱丁本は、購入書店名を明記のうえ、講談社業務宛にお送りください。送料小社負担にてお取替えいたします。なお、この本の内容についてのお問い合わせは、講談社サイエンティフィク宛にお願いいたします。定価はカバーに表示してあります。

Printed in Japan

ISBN 978-4-06-529530-4

MEMO

MEMO

MEMO